अक्षय ऊर्जा प्रौद्योगिकी

अक्षय ऊर्जा प्रौद्योगिकी

एक व्यावहारिक ज्ञान

चेतन सिंह सोलंकी
असिस्टेण्ट प्रोफेसर
डिपार्टमेण्ट ऑफ एनर्जी साइन्स एण्ड इन्जीनियरिंग
भारतीय प्रौद्योगिकी संस्थान (IIT) बम्बई

PHI Learning Private Limited
New Delhi-110001
2009

Rs. 150.00

AKSHAY URJA PRODHYOGIKI—Ek Vyavaharik Gyan
(Renewable Energy Technologies: Practical Guide for Beginners)
Chetan Singh Solanki

ISBN-978-81-203-3808-1

Published by Asoke K. Ghosh, PHI Learning Private Limited, M-97, Connaught Circus, New Delhi-110001 and Printed by Mudrak, 30-A, Patparganj, Delhi-110091.

माता-पिता

को

समर्पित

विषय सूची

प्रस्तावना

हमारे दैनिक जीवन की प्रत्येक क्रिया में ऊर्जा का एक महत्वपूर्ण स्थान है। हम अपने घरों को प्रकाशित करने में, शीतलता प्राप्त करने में, ताप प्राप्त करने में तथा यातायात में विद्युत ऊर्जा का उपयोग करते हैं। विद्युत ऊर्जा का एक महत्वपूर्ण अंग है। आज हम अपने जीवन के प्रत्येक कार्य के लिए ऊर्जा की उपलब्धता पर इतने अधिक निर्भर हैं कि ऊर्जा हमारे जीवन का अति आवश्यक अंग बन गई है। यही नहीं वरन् किसी देश की उन्नति उसकी ऊर्जा की उपलब्धता व खपत से मापी जाती है।

वर्तमान परिस्थितियों में यह तथ्य स्पष्ट है कि किसी क्षेत्र या देश का विकास, वहाँ की ऊर्जा खपत की मात्रा के समानुपाती है। जिस देश में प्रति व्यक्ति ऊर्जा की खपत अधिक है वह देश सामाजिक व आर्थिक दृष्टि से उतना ही सम्पन्न है। उच्च ऊर्जा खपत से न केवल जीवन में सुधार आता है वरन् उच्च साक्षरता दर व अच्छी स्वास्थ्य सेवा भी प्राप्त होती है। वर्तमान में हम ऊर्जा के स्त्रोत के लिए मुख्यतः जीवाश्म ईंधन पर निर्भर हैं। जीवाश्म ईंधन आधारित स्त्रोत न केवल सीमित मात्रा में उपलब्ध हैं, बल्कि इनके उपयोग से गंभीर पारिस्थितिकीय समस्याएँ भी पैदा हुई हैं, जैसे कि **ग्लोबल वॉर्मिंग**। अतः जनसाधारण में अक्षय ऊर्जा स्त्रोत के लाभों के बारे में जागरूकता फैलाने हेतु हर संभव प्रयास किए जाने चाहिए। साथ ही विकास के क्रम में यह एक स्वच्छ ऊर्जा स्त्रोत भी है।

यह पुस्तक *अक्षय ऊर्जा प्रौद्योगिकी : एक व्यावहारिक ज्ञान* उन सभी लोगों को ध्यान में रखते हुए लिखी गई है जिन्हें पहले से अक्षय ऊर्जा का कोई तकनीकी ज्ञान नहीं है। परन्तु वे अक्षय ऊर्जा तकनीकी के क्षेत्र में उपयोग, विकास व जागरूकता चाहते हैं। इस पुस्तक का प्रारम्भ ऊर्जा के आधारभूत ज्ञान, वर्तमान में ऊर्जा का स्थान और जीवाश्म ईंधन के स्त्रोतों की जानकारियों से किया गया है। विभिन्न अक्षय ऊर्जा तकनीकों जैसे सौर फोटोवोल्टाइक, सौर तापीय, वायु ऊर्जा व बॉयोमास की चर्चा की गई है। इस पुस्तक के अध्ययन से उन अक्षय ऊर्जा परिवर्तन तकनीकों को समझने में सहायता मिलेगी जिन पर आधारित विभिन्न उपकरण कार्य करते हैं, जैसे—सौर PV संयंत्र, सौर वॉटर हीटर, विन्ड मिल इत्यादि।

सामान्यतः अक्षय ऊर्जा तकनीक के क्षेत्र में प्रवेश करने वाले किसी भी व्यक्ति के सामने अनेक प्रश्न होते हैं, जैसे यह तकनीक किस तरह कार्य करती है? इसमें कितना निवेश करना होता है? संयंत्र का आकार क्या होना चाहिए? आवश्यक संयंत्र कहाँ से खरीदा जा सकता है? क्या उस पर कोई सरकारी छूट है? इन सब बातों को ध्यान में रखकर पुस्तक को इस तरह डिजाइन किया गया है कि यदि पूरे प्रश्न नहीं तो कम से कम अधिकांश प्रश्नों के उत्तर मिल सकें। इस पुस्तक में आवश्यकतानुसार, अक्षय ऊर्जा पर आधारित संयंत्र डिजाइन करने हेतु प्रक्रिया के प्रत्येक पद को दर्शाया गया है तथा ऊर्जा संयंत्र की डिजाइनों के आधार पर संयंत्रों की कीमत का आँकलन भी किया गया है। प्रत्येक अध्याय के अन्त में अभ्यास प्रश्न दिए गए हैं। जिससे कि अध्याय के सार व उद्देश्य को समझने में सहायता मिलेगी। परिणामतः विभिन्न संयंत्रों के डिजाइनों एवं अन्य पैमानों, जैसे कीमत आदि को समझने में भी सहायता मिलती है। इन सभी डिजाइनों व निवेश आदि की प्रक्रियाओं को सरल रूप में समझाया गया है। गणनाओं में त्रुटियाँ लगभग 10–15 प्रतिशत तक की हो सकती हैं। अतः इन्हें एकदम सही नहीं माना जा सकता।

प्रस्तुत पुस्तक उन सभी पाठकों के लिए उपयोगी है जो कि अक्षय ऊर्जा प्रौद्योगिकी के ज्ञान हेतु इसका उपयोग करने में रुचि रखते हैं। साथ ही यह अध्ययन और अध्यापन की दृष्टि से बहुत महत्त्वपूर्ण है।

चेतन सिंह सोलंकी

आभार

यह पुस्तक मेरी अंग्रेजी में लिखी गई पुस्तक (Renewable Energy Technologies: A Practical Guide for Beginners) का हिन्दी रूपान्तरण है। यह रूपान्तरण श्रीमती अभिलाषा चौहान ने किया है। उनकी सहायता के बिना इस पुस्तक का प्रकाशन सम्भव नहीं था। उन्होंने न केवल इस पुस्तक का हिंदी रूपान्तरण किया है बल्कि कई बार प्रूफ रीडिंग भी की है ताकि त्रुटियों को कम से कम किया जा सके। श्रीमती अभिलाषा चौहान के इस सराहनीय कार्य के लिए मैं उनका आभारी हूँ।

इस पुस्तक को पूरा करने में कुछ और लोगों का सहयोग भी मिला है। यहाँ मैं पी.वी. सुरेश, काशीनाथ, चिंतन संघानी, सुषमा गावन्डे एवं विकास रावन की सहायता का विशेष रूप से उल्लेख करना चाहूँगा। मैं, न्यू एनर्जी फाउंडेशन के सभी सदस्यों को धन्यवाद देता हूँ, जिन्होंने मुझे इस पुस्तक को लिखने के लिए प्रेरित किया। मैं भारत झंवर, कुमुद सैनी, विनोद अग्रवाल एवं नरेन्द्र सैनी को सहृदय धन्यवाद देता हूँ। मैं कुलवन्त सिंगरीन का भी धन्यवाद करता हूँ, जिन्होंने इस पुस्तक को पढ़ा एवं सुधार हेतु सुझाव दिए। मैं अपनी जीवनसंगिनी रजनी का सहृदय आभारी हूँ जिन्होंने मेरे प्रयासों को निरंतर सहयोग दिया है। साथ ही मैं धन्यवाद देता हूँ IIT बम्बई को जिसने मुझे न्यू एनर्जी फाउण्डेशन के साथ कुछ समय बिताने की अनुमति दी।

चेतन सिंह सोलंकी

मुम्बई, 2009

संक्षिप्तियाँ
(ABBREVIATIONS)

Abbreviations	Expanded Form
A	ampere
ac	alternating current
Ah	ampere-hour
AM	Air Mass
BIS	Bureau of Indian Standards
BTU	British Thermal Unit
Cal	calorie
CFL	compact fluorescent lamp
Cp	Specific heat, Coefficient of performance
CV	calorific value
dc	direct current
GHG	greenhouse gas
GJ	gigajoules
GW	gigawatts
GWEC	Global Wind Energy Council
GWH	gigawatt-hour
Hz	hertz
J	joules
J/s	joule/second
kJ	kilojoules
kJ/kg-°C	kilojoules/kilogram-degree centigrade
km/h	kilometre/hour
kVA	kilovolt-ampere
kW	kilowatts

Abbreviations	Expanded Form
kWh	kilowatt-hour
kWh/m^2-day	kilowatt-hour/metre square per day
LNG	Liquified Natural Gas
LPG	Liquified Petroleum Gas
m	metre
m/s	metre per second
m/s^2	metre per second per second
m^3	metre cubic
MJ	megajoules
MJ/kg	megajoules/kilogram
MJ/m^3	megajoules/metre cube
μm	micrometre
MNRE	Ministry of New and Renewable Energy
MPPT	Maximum Power Point Tracking
MTCE	Million Tons of Coal Equivalent
MTOE	Million Tons of Oil Equivalent
MW	megawatts
MWh	megawatt-hour
PJ	petajoules
ppm	parts per million
PV	Photovoltaics
PW	petawatts
s	second
TCE	Tons of Coal Equivalent
TDH	Total Dynamic Head
TJ	tera-joules
TOE	Tons of Oil Equivalent
TW	terawatts
TWh	terawatt-hour
V	volt
VA	volt-ampere
W	watt
W/m^2	watts/metre square
W/m^2K^4	watts per metre square per kelvin raised to power four
Wh/m^2	watt-hour/metre square
Wp	watt-peak
ZJ	zeta-joules

ऊर्जा के मूल तत्त्व
(BASICS OF ENERGY)

1

अध्याय रूपरेखा

ऊर्जा एक अभियांत्रिकी अवधारणा है। सामान्यतः ऊर्जा किसी निकाय (body) की कार्य संचालन क्षमता को कहा जाता है। ऊर्जा आधुनिक जीवन का एक महत्वपूर्ण घटक है। मनुष्य एवं सभी सजीव संरचनाओं के लिए ऊर्जा मूलभूत आवश्यकता है। प्राणियों के द्वारा यह ऊर्जा भोजन के रूप में ग्रहण की जाती है। हमारे सभी शारीरिक एवं मानसिक कार्यों हेतु ऊर्जा आवश्यक है। भोजन ऊर्जा का वह स्रोत है जो कि प्रकृति

प्रदत्त है। भोजन से प्राप्त होने वाली ऊर्जा के अलावा हम अपने आस-पास होने वाले सभी कार्यों के लिए ऊर्जा का उपयोग करते हैं जिससे हमारा जीवन व समाज की गतिविधियाँ संचालित होती हैं। आज हम जितनी भी भौतिक सुख-सुविधाओं जैसे—एअर-कण्डीशनर, कूलर, फ्रिज, टी.वी. आदि का उपयोग कर रहे हैं, वे ऊर्जा से ही चलायमान हैं। इसके अतिरिक्त हमारे आस-पास के सभी कार्य-कलापों जैसे—परिवहन, उद्योग, कृषि, घरेलू एवं ऑफिस कार्य आदि के लिए ऊर्जा आवश्यक है।

ऊर्जा के अनेक रूप होते हैं, जैसे—ताप ऊर्जा, विद्युत ऊर्जा, रासायनिक ऊर्जा एवं नाभिकीय ऊर्जा इत्यादि। औद्योगीकरण के पूर्व लकड़ी ही ऊर्जा का प्रमुख स्रोत थी। भाप-इंजन के अविष्कार के पश्चात् कोयला ऊर्जा का प्रमुख स्रोत बन गया। आंतरिक दहन वाले इंजन के अविष्कार के परिणामस्वरूप पेट्रोलियम उत्पाद (पेट्रोल, डीजल, प्राकृतिक गैस) हमारी ऊर्जा की आवश्यकता को पूर्ण करने लगे। जीवाश्म ईंधन (कोयला, तेल, गैस) का उपयोग उसी रूप में या उसके द्वारा उत्पन्न विद्युत के रूप में होने लगा और ऊर्जा के इस रूप को घरों एवं उद्योगों में वितरित किया जाने लगा। विद्युत ऊर्जा, ऊर्जा का वह रूप है जिसे किसी भी अन्य ऊर्जा में परिवर्तित किया जा सकता है। इसके अतिरिक्त वितरण, संप्रेषण (एक स्थान से दूसरे स्थान पर भेजना) एवं नियंत्रण की दृष्टि से यह सबसे सुविधाजनक ऊर्जा स्रोत है।

एक व्यक्ति के जीवन में ऊर्जा का बहुत महत्वपूर्ण योगदान होता है। ऊर्जा की पर्याप्त मात्रा की उपलब्धता एवं पहुंच, व्यक्ति विशेष एवं राष्ट्रीय विकास को बढ़ावा देती है। यहाँ तक कि अर्थशास्त्री एक देश के विकास का अनुमान वहाँ उपलब्ध ऊर्जा एवं उसके उपभोग से ही लगाते हैं। इस प्रकार सामाजिक समृद्धि एवं ऊर्जा की खपत के बीच सीधा सम्बन्ध स्पष्ट है। ज्यादा ऊर्जा खपत वाले देश समृद्धि की दृष्टि से उच्च शिखर पर हैं। इस ग्राफ में असाक्षरता दर एवं ऊर्जा की खपत के बीच सम्बन्ध दर्शाया गया है। यहाँ ऊर्जा खपत को (TOE/capital/year) टन ऑफ ऑइल इक्वीवेलेंट प्रति केपिटा प्रतिवर्ष के रूप में दर्शाया गया है। एक टन ऑइल (तेल) इक्वीवेलेंट का अर्थ है 1 टन तेल में निहित ऊर्जा। चित्र 1.1 से स्पष्ट है कि जिन देशों में ऊर्जा खपत अधिक है वहाँ असाक्षरता की दर कम है, अपेक्षाकृत कम ऊर्जा खपत वाले देशों की तुलना में।

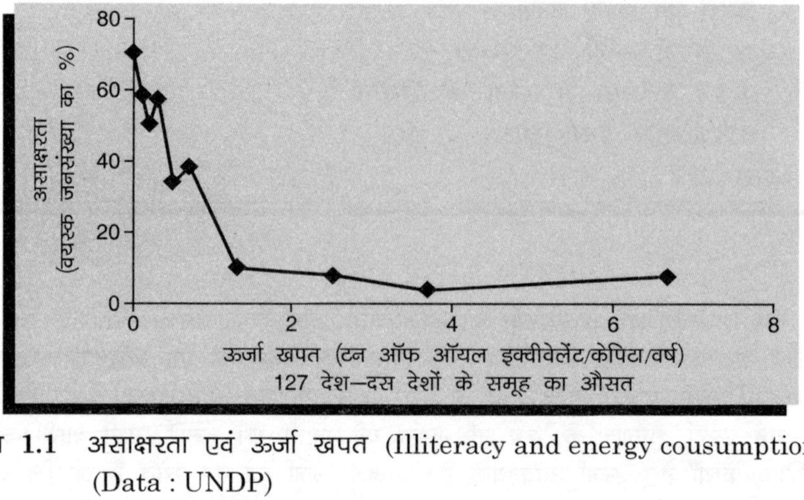

चित्र 1.1 असाक्षरता एवं ऊर्जा खपत (Illiteracy and energy cousumption)। (Data : UNDP)

1.1 ऊर्जा एवं शक्ति (Energy and Power)

किसी भी निकाय (Body) के कार्य करने की क्षमता को ऊर्जा कहा जाता है। उदाहरण के लिए एक लकड़ी का टुकड़ा जलाकर, उससे पानी उबाला जा सकता है, और उससे भाप उत्पन्न की जा सकती है। उत्पन्न भाप से किसी यंत्र (भाप-इंजन) को चलाया जा सकता है। अतः स्पष्ट है कि लकड़ी के टुकड़े में कुछ ऊर्जा निहित है। एक चालित वस्तु द्वारा भी कुछ कार्य किए जा सकते हैं, क्योंकि उसमें ऊर्जा निहित है। एक गर्म वस्तु द्वारा कुछ कार्य किया जा सकता है अतः उसमें भी ऊर्जा निहित है। इस प्रकार ऊर्जा के अनेक रूप होते हैं जिन्हें श्रेणियों में विभाजित किया जा सकता है—तापीय ऊर्जा, विद्युत ऊर्जा, स्थितिज ऊर्जा, यान्त्रिक ऊर्जा, रासायनिक ऊर्जा, नाभिकीय ऊर्जा एवं प्रकाश ऊर्जा।

यह विदित है कि ऊर्जा को न तो बनाया जा सकता है और न ही नष्ट किया जा सकता है। ऊर्जा उपयोग के दौरान एक रूप से दूसरे रूप में रूपान्तरित होती रहती है। जबकि कुल ऊर्जा की मात्रा स्थिर या संरक्षित रहती है। उदाहरण के लिए एक वाहन को चलाने के लिए पेट्रोल (या अन्य ईंधन) की रासायनिक ऊर्जाएँ यान्त्रिक ऊर्जा में परिवर्तित होती है। इसी तरह विद्युत पंखा चलाने पर विद्युत ऊर्जा यान्त्रिक ऊर्जा में रूपान्तरित होती है और पंखे की पंखुड़ियाँ घूमने लगती हैं। इस प्रकार ऊर्जा से हम अपनी इच्छानुसार कार्य कर लेते हैं।

> *ऊर्जा के अनेक रूप होते हैं, जैसे रासायनिक, यान्त्रिक एवं विद्युत ऊर्जा आदि। ऊर्जा उपयोग के दौरान एक रूप से दूसरे रूप में रूपान्तरित होती है, परंतु कुल ऊर्जा हमेशा संरक्षित रहती है।*

ऊर्जा को जूल इकाई में मापा जाता है। 1 जूल ऊर्जा 1 न्यूटन-मीटर के बराबर होती है। ऊर्जा की और भी इकाइयाँ हैं जिनका हम अक्सर दैनिक क्रियाओं के दौरान उपयोग करते हैं। उदाहरण के लिए, भोजन से प्राप्त होने वाली ऊर्जा को कैलोरी में मापा जाता है। हमारे घर का बिजली का बिल, उपयोग की गई विद्युत ऊर्जा की कुल इकाइयों को माप कर दिया जाता है। एक विद्युत ऊर्जा इकाई, 1 किलो-वॉट-घण्टा (1 kWh) के बराबर होती है। ऊर्जा की मात्रा को विभिन्न इकाइयों द्वारा दर्शाया जाता है। तालिका 1.1 में विभिन्न ऊर्जा इकाइयों के बीच सम्बन्ध दर्शाया गया है।

तालिका 1.1 ऊर्जा की इकाइयाँ एवं उनका रूपान्तरण

ऊर्जा इकाई	*समानान्तर ऊर्जा इकाई*
1 J (या 1 जूल)	= 1 न्यूटन-मीटर = 1 N–m
1 kWh (किलो-वॉट-घण्टा)	= 3600 kJ
1 Calorie	= 4.182 J
1 (BTU) (British thermal unit)	= 1055 J
1 मेगाजूल (MJ)	= 278 kWh
1 TOE (टन ऑफ ऑयल इक्वीवेलेंट)	= 11634 kWh

शक्ति (power) एवं ऊर्जा (energy) अलग-अलग अर्थ वाले तकनीकी शब्द हैं। शक्ति को वॉट इकाई में मापा जाता है। सामान्यतः दोनों का एक ही अर्थ निकाला जाता है जो कि गलत है, दोनों में अंतर समझने का सबसे अच्छा तरीका, हमारे घर का बिजली का बिल समझना है। हम उपयोग या व्यय की गई ऊर्जा का प्रतिमाह बिल चुकाते हैं। हमारे घरों में उपयोग होने वाले विद्युत उपकरणों के विषय में हम शक्ति (power) की इकाई के रूप में बात करते हैं, जैसे 50 वॉट बल्ब, 1000 वॉट वॉटर हीटर इत्यादि।

ऊर्जा के उपयोग की दर को शक्ति कहा जाता है। इस प्रकार 100 वॉट के बल्ब में, 50 वॉट के बल्ब की तुलना में दुगुनी ऊर्जा की खपत होती है। इसको हम इस तरह समझ सकते हैं कि दोनों बल्बों को 1 घण्टा जलाने पर 50 वॉट (50 वॉट × 1 घण्टा = 50 वॉट-घण्टा) की अपेक्षाकृत 100 वॉट के बल्ब में दुगुनी ऊर्जा लगती है (100 वॉट × 1 घण्टा = 100 वॉट-घण्टा)। इस प्रकार जब हम वॉट (शक्ति की इकाई) को घण्टा (समय की इकाई) से गुणा करते है, तो ऊर्जा की इकाई प्राप्त होती है या ऊर्जा इकाई को समय इकाई से विभाजित करने पर शक्ति इकाई प्राप्त होती है।

$$\text{शक्ति (वॉट)} = \frac{\text{ऊर्जा (जूल)}}{\text{समय (सेकेण्ड)}}$$

> *ऊर्जा के उपयोग या उत्पादन की दर को शक्ति कहते हैं।*

सामान्यतः पॉवर प्लाण्ट की क्षमता को (1 मेगावॉट = 10^6 वॉट) के रूप में और ईंधन जैसे पेट्रोल, डीजल, कोयला इत्यादि की ऊर्जा को MJ या kWh में दर्शाया जाता है। इसी तरह बिजली का बिल kWh की इकाई में और विद्युत उपकरणों की क्षमता को वॉट में दर्शाया जाता है।

1.2 बिजली के बिल का आँकलन (Estimation of Energy Bills)

उपर्युक्त विवरण की मदद से किसी के लिए भी बिजली के मासिक बिल का आँकलन करना आसान है। इससे न केवल घरों बल्कि एक बिल्डिंग या फैक्ट्री के बिजली के बिल आँकलित करना संभव है। इसके लिए कुछ जानकारियाँ एकत्र करना आवश्यक है, जैसे उस क्षेत्र या घर में उपयोग किए जाने वाले विद्युत उपकरणों के प्रकार (बल्ब, ट्यूब लाइट, कूलर व उनकी क्षमता), उनकी संख्या व उपयोग करने का समय (घण्टे)। उपकरणों को उपयोग करने का समय मौसम के अनुसार बदलता है, जैसे कि कूलर का उपयोग गर्मियों में ही होता है। अतः वार्षिक ऊर्जा का व्यय निकालते समय मौसम आधारित उपकरणों की भिन्नता को ध्यान में रखना आवश्यक है। विभिन्न उपकरणों की क्षमता (अंकित शक्ति) **परिशिष्ट घ** में दी गई है। दो जानकारियाँ (अंकित शक्ति एवं दैनिक उपयोग के समय (घण्टे)) निकालने के बाद तालिका 1.2 से दैनिक एवं माासिक ऊर्जा आवश्यकता का आँकलन करें। एक बार जब आप मासिक ऊर्जा आवश्यकता का

आँकलन एवं विद्युत ऊर्जा इकाई की कीमत निकाल लेंगे (Rs/kWh), तब अपना बिजली का बिल आसानी से ज्ञात कर पाएंगे। बिजली विभाग 1000 Wh या 1 kWh को विद्युत की एक इकाई मानता है व इसी इकाई की कीमत तय की गई है। वर्तमान में 1 इकाई बिजली की कीमत 2 रूपए से 6 रूपए प्रति kWh के बीच होती है, यह कीमत भिन्न-भिन्न राज्यों में भिन्न-भिन्न हो सकती है। घरों तथा उद्योगों की बिजली खपत की दरों की कीमत भी भिन्न होती है।

तालिका 1.2 मासिक बिजली के बिल का आँकलन

उपकरण का नाम	*अंकित शक्ति (वॉट)*	*उपकरणों की संख्या*	*उपयोग (घण्टे/दिन)*	*प्रति दिन ऊर्जा खपत (वॉट/घण्टा)*
बल्ब	100	2	6	1200 (= $100 \times 2 \times 6$)
पंखा				
दूरदर्शन				
–	–	–	–	–
कुल दैनिक ऊर्जा आवश्यकता (वॉट-घण्टा)				–
मसिक ऊर्जा आवश्यकता (वॉट-घण्टा) = दैनिक ऊर्जा की आवश्यकता $\times 30$				
मसिक बिजली का बिल = मासिक ऊर्जा इकाइयाँ $\times$ एक इकाई का मूल्य				

1.3 पारम्परिक ऊर्जा स्रोत (Conventional Energy Source)

पारम्परिक ऊर्जा स्रोत वे हैं, जिन से हम लम्बे समय से अपनी दैनिक ऊर्जा आवश्यकताओं (खाना पकाना, प्रकाश, परिवहन) की पूर्ति करते आ रहे हैं। ये स्रोत मुख्यतः जीवाश्म ईंधन हैं, जैसे—कोयला, पेट्रोल, डीजल, कैरोसीन एवं प्राकृतिक गैस। जीवाश्म ईंधन की उत्पत्ति लाखों वर्ष पूर्व विद्यमान जीव-जन्तुओं के मृत शरीरों एवं पेड़-पौधों के जमीन के नीचे दबने एवं सड़ने से हुई है (जो कि दाब, रासायनिक एवं जैविक क्रियाओं के परिणामस्वरूप हुआ है)। अतः स्पष्ट है कि इस ईंधन को बनने में लाखों वर्ष यानि बहुत लम्बा समय लगता है। निरन्तर औद्योगिक विकास की वजह से हमारी ऊर्जा की मांग बहुत ज्यादा बढ़ गई है, परिणाम यह है कि जीवाश्म ईंधन के उपयोग की दर, उसके उत्पादन की दर से कहीं अधिक है। इस प्रकार असंतुलन की स्थिति बन गई है, और विश्व की जीवाश्म-ऊर्जा संपदा बहुत ही सीमित है। इसी गति से जीवाश्म ईंधन का दोहन होने पर अनुमान यह है कि यह सम्पदा ज्यादा से ज्यादा एक या दो शताब्दियों तक ही ऊर्जा पूर्ति कर पाएगा। यह भी विदित है कि पृथ्वी पर सभी स्थानों पर जीवाश्म ईंधन सम्पदा की उपलब्धता एक सी नहीं है। उदाहरण के लिए सं. रा. अमेरिका में कोयला 25%, व मध्य पूर्व के 5 देशों में पूरे विश्व का 60% तेल भण्डार है। इस प्रकार कुछ देशों में जीवाश्म ईंधन की भारी कमी होने से वहाँ एक प्रकार की असुरक्षा की भावना पैदा हो गई है। ऊर्जा की यह असमानता राजनैतिक विवादों के कारणों में से एक है। आइये आगे हम जीवश्म ईंधन और उनके रिज़र्व के बारे में पढ़ें।

1.4 सीमित जीवाश्म ईंधन (Limited Fossil Fuels)

कोयला (Coal): कोयला ऊर्जा का एक प्राकृतिक स्रोत है। यह ऑक्सीजन की अनुपस्थिति में जैविक पदार्थों (पौधों एवं जीवों) के लाखों वर्षों तक पृथ्वी की सतह के नीचे दबने के कारण, विघटन होने से प्राप्त होता है। कोयला विभिन्न रूपों में प्राप्त होता है जैसे—पीट, इग्नाइट, बिटुमिन्स व एन्थ्रासाइट (बढ़ते हुए कार्बन घटक के क्रम में)। जिस कोयले में जितनी अधिक कार्बन की मात्रा होती है, उसमें उतनी ही अधिक ऊर्जा होती है और कोयला उतनी ही अच्छी गुणवत्ता का माना जाता है। अतः कोयले की मात्रा व गुणवत्ता दोनों ही महत्वपूर्ण हैं। विश्व की अनुमानित कोयला सम्पदा लगभग 1000×10^9 टन हैं।

तेल (Oil): कच्चा (अपरिष्कृत) तेल तरल रूप में होता है। यह हाइड्रोकार्बन एवं कुछ अकार्बनिक तत्वों जैसे सल्फर, ऑक्सीजन, एवं नाइट्रोजन का संयुक्त मिश्रण होता है। कच्चा तेल अपने वास्तविक रूप में उपकरणों में उपयोगी नहीं है। इसे शुद्ध (Refine) कर विभिन्न उत्पाद जैसे पेट्रोल, डीजल, केरोसीन व कुछ ठोस उत्पाद जैसे नायलोन, पेण्ट, प्लास्टिक इत्यादि प्राप्त किए जाते हैं। कच्चे तेल की विश्व की अनुमानित सम्पदा लगभग 1200×10^9 बैरल है।

प्राकृतिक गैस (Natural Gas): इसके अन्तर्गत मीथेन, ईथेन, प्रोपेन आदि गैसें आती हैं। परन्तु इसमें मुख्य गैस मीथेन है। यह मुख्यतः कच्चे तेल के साथ ही पाई जाती है। परन्तु कुछ ऐसे भी स्थान हैं जहाँ ये कच्चे तेल की अनुपस्थिति में भी पाई गई है। विश्व में प्राकृतिक गैस भण्डार लगभग 180×10^9 मीटर^3 अनुमानित है। (Data: Survey of Energy Resources, World Energy Council 2005)

टार सैण्ड एवं ऑइल शेल (भविष्य के ईंधन) (Tar Sand and Oil Shale—Possible Future Fuel): यह प्राकृतिक रूप से पेट्रोलियम के ठोस या अर्धठोस में रूप में पाया जाता है। इसमें मुख्यतः हाइड्रोकार्बन की क्रॉस लिंक्ड श्रृंखला होती है, जोकि इसे अधिक स्थायी बनाती है। पेट्रोलियम (ऑइल शेल) का ठोस रूप केरोजन है। इसे ऑइल शेल कहा जाता है। गर्म करने पर यह विघटित होकर कच्चे तेल में परिवर्तित हो जाता है। परंतु ऑइल शेल से कच्चा तेल प्राप्त करना आर्थिक दृष्टि से महंगा पड़ता है। विश्व का अनुमानित ऑइल शेल भण्डार लगभग 2400×10^9 बैरल है। टार सैण्ड बहुत ही गाढ़ा टार होता है, जो कि छिद्रित सैण्ड स्टोन में पाया जाता है। कृत्रिम (Synthetic) कच्चा तेल टार सैण्ड से प्राप्त किया जाता है। विश्व का अनुमानित टार सैण्ड भण्डार लगभग 300×10^9 बैरल है।

तालिका 1.3 में पूरे विश्व के जीवाश्म ईंधन सम्पदा के बारे में जानकारी दी गई है। दरअसल ज्यादा महत्वपूर्ण है जीवाश्म ईंधन में निहित ऊर्जा की मात्रा, न कि जीवाश्म ईंधन की मात्रा। चूँकि अलग-अलग जीवाश्म ईंधनों में ऊर्जा अलग-अलग मात्रा में होती है, अतः उनके भण्डार को ऊर्जा की इकाइयों या मान में दर्शाया गया है।

तालिका 1.3 विश्व के जीवाश्म ईंधन रिजर्व TOE (टन ऑफ ऑइल इक्वीवेलेंट) के रूप में 1 TOE = 11634 kWh

स्रोत	*रिजर्व* (Million TOE)
कोयला	273
ऑइल	3868
प्राकृतिक गैस	2422

जीवाश्म ईंधन की उपलब्धता का अनुमान विभिन्न तथ्यों पर आधारित है। वर्तमान ईंधन भण्डार की मात्रा से यह पता लगाया जा सकता है, कि ये कितने वर्ष तक हमारी ऊर्जा की माँग की पूर्ति कर पाएंगे। इसके लिए वर्तमान ईंधन भण्डार मात्रा को ईंधन खपत की वर्तमान दर से विभाजित करना होगा। वर्तमान खपत दर के अनुसार कोयला, तेल एवं गैस क्रमशः 155, 40 एवं 65 सालों तक ही उपलब्ध रहेंगे।

अनुमानतः कोयला, तेल एवं प्राकृतिक गैस क्रमशः ***155, 40*** *एवं* ***65*** *वर्षों तक ही उपलब्ध रहेंगे।*

1.4.1 ईंधन की गुणवत्ता (Quality of Fuel)

विभिन्न जीवाश्म ईंधन जैसे कोयला, तेल एवं गैस इत्यादि अलग-अलग गुणवत्ता के होते हैं। यह गुणवत्ता उनसे प्राप्त होने वाली ऊर्जा से मापी जाती है। यह ऊर्जा ईंधन के इकाई द्रव्यमान से निकाली जाती है। निकाले गए ऊर्जा के मान को कैलोरीफिक वैल्यू (calorific value) से दर्शाया जाता है। एक इकाई ईंधन को जलाने पर **मुक्त** ऊर्जा या ताप को कैलोरीफिक वैल्यू (CV) कहा जाता है। ईंधन की जितनी अधिक CV होगी वह उतना ही अच्छा माना जाएगा। कैलोरीफिक वैल्यू की इकाई kJ/kg है।

तालिका 1.4 में विभिन्न ईंधनों की कैलोरीफिक वैल्यू दी गई है।

तालिका 1.4 ईंधनों की कैलोरीफिक वैल्यू (CV)

ईंधन	CV *की इकाई* MJ/kg
डीजल	45–46
सामान्य उपयोगी कोयला	28–31
केरोसीन	35
पेट्रोल	44.8–46.9
कोयला*	16–35
लकड़ी	16
इथेनॉल	30
हाइड्रोजन	141

*कोयला विभिन्न रूपों में पाया जाता है, जिनके मुख्य नाम हैं—एन्थ्रासाइट, बिटुमिन्स, कोक, लिग्नाइट एवं पीट घटते CV के आधार पर।

1.4.2 जीवाश्म ईंधन का वातावरण पर प्रभाव (Environmental Impact of Fossil Fuels)

जीवाश्म ईंधनों का मुख्य घटक कार्बन होता है। जीवाश्म ईंधन का दहन (ऑक्सीजन की उपस्थिति में जलने पर) होने पर उपयोगी ऊर्जा मुक्त होती है। उदाहरण के लिए कोयला का पॉवर प्लाण्ट्स में व पेट्रोल का वाहनों में उपयोग। जीवाश्म ईंधन का दहन होने पर कार्बनडाइऑक्साइड (CO_2) वातावरण में मुक्त होती है। यह गैस पृथ्वी पर आने वाली सूर्य की पराबैंगनी किरणों (Infrared radiation) को अवशोषित कर लेती है—और वापिस पृथ्वी को ही परावर्तित करती है ग्रीन हाउस प्रभाव पैदा करती है।

कार्बनडाइऑक्साइड के ग्रीन हाउस प्रभाव की वजह से पूरी पृथ्वी के औसत भूमण्डलीय तापमान में बढ़ोतरी हो रही है। प्राचीन काल में पृथ्वी पर CO_2 की मात्राा 280 ppm (पार्ट्स पर मिलियन) थी जो (2006 में) 377 ppm हो गई है। चित्र 1.2 में CO_2 की पृथ्वी पर मात्रा को दिखाया गया है। मनुष्य की गतिविधियों की वजह से कुछ अन्य गैसों की मात्रा में भी निरन्तर बढ़ोत्तरी हो रही है, जो कि ग्रीन हाउस गैसें हैं, जैसे मीथेन, नाइट्रस ऑक्साइड, क्लोरोफ्लोरोकार्बन (CFC) आदि। CFC ओजोन परत को भी नुकसान पहुँचाती है। ग्रीन हाउस प्रभाव के कारण पृथ्वी के बढ़ते तापमान के परिणाम बहुत चिंताजनक हैं जैसे मौसम चक्र में परिवर्तन, बाढ़, सूखा एवं ध्रुवों पर जमी बर्फ के पिघलने से तटीय क्षेत्रों का डूबना आदि।

चित्र 1.2 से स्पष्ट है कि जीवाश्म ईंधन बहुत ही सीमित मात्रा में उपलब्ध है, और ये वातावरण को भी बहुत नुकसान पहुँचाते हैं। इसलिए हमें ऊर्जा के वैकल्पिक स्रोतों को खोजने की आवश्यकता है, जो कि लम्बे समय तक चले व साथ ही साथ वातावरण को नुकसान भी न पहुँचाए।

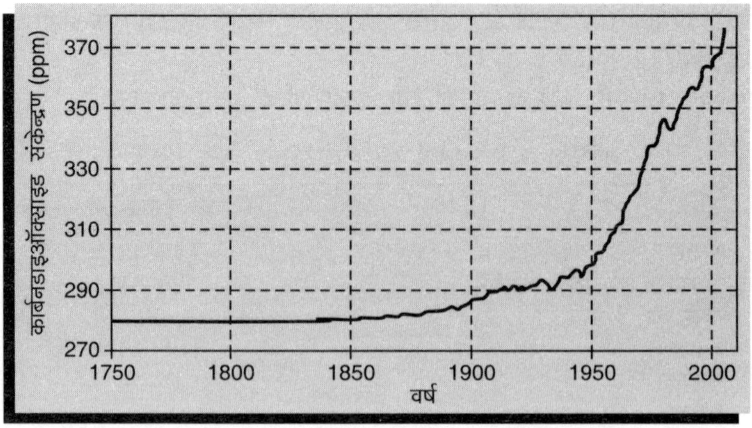

चित्र 1.2 CO_2 की मात्रा, पार्ट्स पर मिलियन (ppm) में।

स्रोतः कार्बनडाइऑक्साइड इनफॉर्मेशन एनालिसिस सेण्टर, डिपार्टमेण्ट ऑफ एनर्जी, (USA)

1.5 सौर ऊर्जा : एक विकल्प (Solar Energy: An Alternative)

आजकल ऐसे बहुत से तरीके हैं जिनसे हम अपने आस-पास के वातावरण से ऊर्जा प्राप्त कर सकते हैं। जिसके अंतर्गत सौर किरणों, वायु, बॉयोमास (जीवद्रव्य), समुद्री तरंग आदि से ऊर्जा प्राप्त कर सकते हैं। ऊर्जा के ये स्रोत कभी नष्ट न होने वाले हैं, क्योंकि इन सभी ऊर्जा स्रोतों एवं तरीकों का नवीनीकरण संभव है। उपर्युक्त सभी ऊर्जा स्रोतों को संयुक्त रूप से सौर ऊर्जा कहा जा सकता है, क्योंकि सूर्य की उपस्थिति से ही ये उत्पन्न हुए हैं। यह ऊर्जा का एक बहुत बड़ा स्त्रोत है। सूर्य के द्वारा पृथ्वी को प्राप्त होने वाली शक्ति (power) करीब 1.8×10^{11} MW है, जो कि हमारी वर्तमान शक्ति की खपत से हजारों गुना ज्यादा है। अतः सौर ऊर्जा हमारी वर्तमान एवं भविष्य की ऊर्जा आवश्यकताओं को पूरी कर सकती है।

ध्यान देने योग्य बात ये भी है कि सौर ऊर्जा निःशुल्क उपलब्ध है, और वातावरण को भी प्रदूषित नहीं करती है। साथ ही यह पूरी पृथ्वी पर लगभग समान मात्रा में वितरित है, जबकि जीवाश्म ईंधन असमान रूप से पृथ्वी के गर्भ में छिपे हैं। इस प्रकार कोई भी व्यक्ति अपनी आवश्यकता के अनुसार व अपनी पसंद की जगह पर आसानी से ऊर्जा प्राप्त कर सकता है। सौर ऊर्जा की यह समान उपलब्धता सामाजिक विकास के लिए बहुत महत्वपूर्ण है; ख़ास कर भारत जैसे विकासशील देशों के लिए।

सौर ऊर्जा के उपयोग में भी कुछ समस्याएँ हैं। यह ऊर्जा का एक तरल रूप हैं। पृथ्वी द्वारा रोकी गई कुल सौर ऊर्जा की मात्रा बहुत अधिक है, परंतु प्रति इकाई क्षेत्र द्वारा ग्रहण की गई ऊर्जा की मात्रा कम है। यह मात्रा अधिकतम 1000 W/m^2 है। यह एक बड़ी मात्रा नहीं है। यदि हम पेट्रोल से तुलना करें तो 1 लीटर पेट्रोल हमें 45×10^6 J ऊर्जा देता है जबकि दिन भर में 1 m^2 क्षेत्रफल से प्राप्त की गई अधिकतम सौर ऊर्जा लगभग 25000 J होती है। (एक दिन में पृथ्वी द्वारा अवशोषित सौर विकिरण लगभग 7 kWh/day होता है)। चूँकि सौर ऊर्जा तरल है अतः इसको एकत्रित करने के लिए विशाल क्षेत्र की आवश्यकता होती है, जिसका मतलब है एक बहुत अधिक मूल्य वाला अक्षय ऊर्जा संयंत्र। साथ ही सौर ऊर्जा स्रोत (सौर ऊर्जा, वायु ऊर्जा आदि) की उपलब्धता समय के साथ बदलती रहती है। अतः प्राप्त ऊर्जा को किसी रूप में संग्रह करना बहुत आवश्यक है (जैसे कि बैटरी में) जिसे आवश्यकतानुसार उपयोग किया जा सके।

तालिका 1.5 सौर ऊर्जा तकनीकें एवं उपयोगी ऊर्जा में परिवर्तन की प्रक्रिया

सौर ऊर्जा तकनीक	*उपयोग*	*परिवर्तन प्रक्रिया*	*प्रत्यक्ष/अप्रत्यक्ष*
सौर PV संयंत्र	विद्युत उत्पादन	सूर्य प्रकाश → विद्युत	प्रत्यक्ष
सौर तापीय	तापन	सूर्य प्रकाश → तापन	प्रत्यक्ष
सौर तापीय	विद्युत उत्पादन	सूर्य प्रकाश → ताप → यान्त्रिक गति → विद्युत	अप्रत्यक्ष
वायु	विद्युत उत्पादन	वायु प्रवाह → यान्त्रिक गति → विद्युत	अप्रत्यक्ष
जीवद्रव्य	विद्युत उत्पादन	जीवद्रव्य → ताप → यान्त्रिक गति → विद्युत	अप्रत्यक्ष
हाइड्रो	विद्युत उत्पादन	जल प्रवाह → यान्त्रिक गति → विद्युत	अप्रत्यक्ष
तरंग ऊर्जा	विद्युत उत्पादन	जल प्रवाह → यान्त्रिक गति → विद्युत	अप्रत्यक्ष

सौर ऊर्जा को अनेक तरीकों से उपयोगी ऊर्जा में परिवर्तित किया जा सकता है। यहाँ प्रकाश ऊर्जा को सीधे विद्युत ऊर्जा में बदला जा सकता है। जीवद्रव्य ऊर्जा (biomass energy) को विद्युत ऊर्जा में बदलने के लिए पहले उसे ताप ऊर्जा तत्पश्चात् यान्त्रिक ऊर्जा में बदलना होता है जिसके बाद हमें विद्युत ऊर्जा प्राप्त होती है। इस प्रकार सौर ऊर्जा से विद्युत ऊर्जा सीधे एवं अनेक प्रक्रियाओं से गुजर कर प्राप्त की जा सकती है।

जीवाश्म ईंधन स्रोतों की तुलना में सौर ऊर्जा स्रोतों की उपलब्धता पृथ्वी पर बहुत अधिक है जैसे—वायु ऊर्जा स्रोत लगभग 370 TW (1 TeraWatt = 10^{12} Watt) जबकि सौर ऊर्जा स्रोत 89000 TW है। यह मात्रा जीवाश्म ईंधन स्रोतों की तुलना में कहीं अधिक है (15 TW वर्ष 2004 में)।

1.6 ऊर्जा के अन्य विकल्प (Other Energy Alternatives)

1.6.1 नाभिकीय ऊर्जा (Nuclear Energy)

इस ऊर्जा में एक अणु के नाभिक में निहित ऊर्जा को विद्युत ऊर्जा में बदला जाता है। इसमें ऊर्जा प्राप्त करने की प्रक्रिया को संलयन प्रक्रिया कहते हैं। संलयन (fission) प्रक्रिया में नाभिक छोटे–छोटे नाभिकों में टूटकर ऊर्जा मुक्त होता है। वर्तमान में संलयन प्रक्रिया जिन संयंत्रों में होती है, उन्हें बर्नर संयंत्र (बर्नर रिएक्टर) कहते हैं। यहाँ यूरेनियम आइसोटोप (समावयव) U^{235} का उपयोग कच्चे माल के रूप में किया जाता है। U^{235} प्राकृतिक रूप से प्राप्त होने वाले यूरेनियम का 1% से भी कम होता है। पहला नाभिकीय पॉवर प्लाण्ट 1950 में बनाया गया था। वर्तमान में 30 देशों में लगभग 435 नाभिकीय प्लाण्टस् कार्यरत हैं। इनकी क्षमता कुल 3,70,000 MW है।

नाभिकीय ऊर्जा से विद्युत ऊर्जा प्राप्त करने में वातावरण प्रदूषित नहीं होता, परन्तु इसके कुछ अन्य नकारात्मक प्रभाव हैं। सबसे बड़ी समस्या इसके अपशिष्ट (waste) पदार्थों को नष्ट करने की है, क्योंकि नाभिकीय अपशिष्ट पदार्थ रेडियोधर्मी होते हैं जिन्हें खुला नहीं छोड़ा जा सकता। इसके अलावा न्यूक्लियर पॉवर प्लाण्ट में दुर्घटना होने पर रेडियोधर्मिता पूरे वातावरण में फैल कर उसे प्रदूषित कर सकती है, जो कि मानव जाति के लिए एक बहुत बड़ा खतरा है।

चूँकि यूरेनियम आइसोटोप (समावयव) U^{235} बहुत ही कम मात्रा में उपलब्ध है अतः यह नाभिकीय ऊर्जा हमेशा हमारी ऊर्जा की आवश्यकताओं को पूरा नहीं कर सकती, जब तक कि अन्य नाभिकीय स्रोत की तकनीकी न खोजी जाए।

उदाहरण के लिए ब्रीडर तकनीक द्वारा असंलयनीय तत्व जैसे यूरेनियम समावयव U^{238} एवं थोरियम समावयव Th^{232} को संलयनीय तत्वों में बदला जा सकता है। जो कि विद्युत उत्पादन में उपयोगी हैं। U^{238} एवं Th^{232}, दोनों प्रचुर मात्रा में उपलब्ध हैं एवं विद्युत उत्पादन हेतु अच्छे स्त्रोत हो सकते हैं। परंतु ब्रीडर तकनीक अभी तक पूरी तरह विकसित नहीं हुई है, अतः वह विद्युत उत्पादन हेतु उपयोगी नहीं है।

1.6.2 ज्वारीय (टाइडल) एवं भूतापीय ऊर्जा (Tidal and Geothermal Energy)

इन दोनों ऊर्जाओं का स्रोत सूर्य नहीं है। समुद्र में आने वाले ज्वार-भाटा, पृथ्वी व चन्द्रमा के गुरुत्वाकर्षण का परिणाम है। इस प्रक्रिया में होने वाले जलीय उतार-चढ़ाव से ऊर्जा प्राप्त की जा सकती है। समुद्र में एक दिन में दो बार ज्वार-भाटा आते हैं। जब जल में चढ़ाव आता है तो इसे एक बेसिन में एकत्र कर लिया जाता है, और भाटा के दौरान पानी को वापस बहने दिया जाता है, पानी के बहाव में टर्बाइन रख दिया जाता है, विद्युत उत्पादन के लिए। इस प्रक्रिया में ऊर्जा प्राप्ति ज्वार के दौरान पानी की ऊँचाई पर निर्भर करती है। प्रभावी ऊर्जा प्राप्ति या परिवर्तन के लिए यह ऊँचाई कम-से-कम कुछ मीटर तो होनी ही चाहिए। ऐसा अनुमान लगाया गया है कि विश्व में ज्वारीय ऊर्जा से हम लगभग 63800 MW (मेगा वॉट) विद्युत ऊर्जा प्राप्त कर सकते हैं।

नाम के अनुसार, भूतापीय ऊर्जा से तात्पर्य है भूगर्भ (पिघले लावे) से प्राप्त ऊर्जा। भूगर्भ के केन्द्र की तरफ जाने पर 30°C तापमान प्रति कि.मी. बढ़ता है। चूँकि पृथ्वी की सतह सपाट नहीं है, पहाड़ों और खाइयों से युक्त है, अतः कुछ स्थान ऐसे होते हैं जहाँ सतह से थोड़ा नीचे जाने पर ही ऊष्मीय केन्द्र (hot spots) मिल जाते हैं। ऐसे स्थानों पर गर्म चट्टानों से जल का सम्पर्क होने पर भाप की उत्पत्ति होती है। इस भाप से विद्युत उत्पादन किया जा सकता है। विश्वभर में भूतापीय ऊर्जा उपलब्धता लगभग 62500 MW है।

1.7 विश्व का ऊर्जा उत्पादन (Worldwide Energy Production)

तालिका 1.6 में पूरे विश्व में सन् 2004 में होने वाली कुल ऊर्जा खपत (अक्षय ऊर्जा स्रोतों सहित) दी गई है। इसमें ऊर्जा एवं शक्ति दोनों के मान दर्शाए गए हैं।

तालिका 1.6 सन् 2004 में ऊर्जा स्रोतों की विश्व में खपत

ईंधन के प्रकार	*शक्ति टेरा* (10^{12} W) *में वॉट* (TW)	*जेटा में ऊर्जा* (10^{21}) *जूल प्रतिवर्ष* (ZJ)
ऑइल	5.6	0.18
गैस	3.5	0.11
कोयला	3.8	0.12
द्रव चालित (हाइड्रो)	0.9	0.03
नाभिकीय	0.9	0.03
भूतापीय, पवन एवं सौर ऊर्जा	0.2	0.006
कुल विश्व की वर्तमान ऊर्जा खपत	15	0.5

Source: www.wikipedia.com, 2004 data

तुलना करने पर पूरे विश्व की वर्तमान ऊर्जा खपत 15 TW ($1 \text{ Tera} = 10^{12}$) है और भविष्य में सौर ऊर्जा क्षेत्र में बहुत अधिक संभावनाएँ हैं। उदाहरण के लिए पूरे विश्व के वायु ऊर्जा स्रोत लगभग 370 TW हैं, जबकि सौर ऊर्जा स्रोत 89000 TW हैं, जो कि बॉयोमास (biomass) ऊर्जा स्रोत से भी कहीं अधिक हैं।

1.8 भारत में ऊर्जा की स्थिति (Energy Scenario of India)

1.8.1 वर्तमान में ऊर्जा की स्थिति

भारत में जीवाश्म ईंधन पर आधारित ऊर्जा स्रोतों की कमी है। अपितु कोयला फिर भी अधिक मात्रा में पाया जाता है। भारत में प्रति व्यक्ति ऊर्जा खपत लगभग 600 kWh प्रतिवर्ष है, जबकि विकसित देशों जैसे संयुक्त राज्य अमेरिका, कनाडा आदि में यह खपत ज्यादा है (1200 से 1500 kWh/केपिटा/व्यक्ति है)। अतः यह स्पष्ट है कि भारत में ऊर्जा खपत अपेक्षाकृत कम है। भारत की कुल ऊर्जा खपत में जीवाश्म ऊर्जा स्रोत जैसे कोयला, पेट्रोलियम की खपत 50% है। अन्य 50% को पारम्परिक ऊर्जा स्रोत जैसे लकड़ी, कृषि अपशिष्ट पदार्थ, पशु अपशिष्ट (जैसे गोबर से निर्मित उपलें) आदि पूरा करते हैं। वर्तमान ऊर्जा उत्पादन व खपत के आँकड़ों से यह अनुमान लगाया गया है, कि भारत में कोयला व अन्य तेल भण्डार क्रमशः 100 से 120 व 20 से 25 वर्ष तक ही रह पायेंगे।

विश्व की कुल विद्युत उत्पादन की दृष्टि से भारत का स्थान पाँचवाँ है। 2006 तक भारत में कुल विद्युत उत्पादन लगभग 124,287 मेगा वॉट (MW) हुआ। भारत में विद्युत उर्जा में उपयोग किए जाने वाले ईंधनों की मात्रा को तालिका 1.7 में दर्शाया गया है।

तालिका 1.7 भारत में ऊर्जा की वर्तमान स्थिति।

ईंधन		*क्षमता* (MW)	*प्रतिशत* (%)
कुल तापीय ऊर्जा :	कोयला	69616	54.1
	गैस	13582	10.6
	तेल	1202	0.9
	कुल तापीय ऊर्जा	84400	65.5
हाइड्रो		33942	26.5
नाभिकीय		3900	3.0
अक्षय ऊर्जा		6191	4.8
कुल		**128432**	**100**

(*Source:* Ministry of Power, India, 2006.)

1.8.2 सौर ऊर्जा स्रोत

वर्तमान आँकड़ों के अनुसार भारत के 587560 गाँवों में बिजली की सुविधा है। जबकि अभी भी 112400 गाँव बिजली रहित हैं। हम यह जानते हैं कि जीवाश्म ऊर्जा स्रोत बहुत ही सीमित हैं, यह वातावरण के लिए भी बहुत हानिकारक है। यदि जीवाश्म ईंधन उपलब्ध हो तो भी भारत के अंदरूनी भागों में ये सुविधाएँ प्रदान करना आर्थिक दृष्टि से बहुत महँगा सौदा साबित होगा। जबकि सौर ऊर्जा स्रोत अनेक रूपों में देश के लगभग सभी भागों में उपलब्ध है। प्रति वर्ष भारत के अधिकांश भाग 2000 kWh/m^2 से भी अधिक सौर विकिरण प्राप्त करते हैं। यह मात्रा ग्रामीण क्षेत्रों के लिए एक अच्छा विकल्प है साथ ही ऊर्जा की उपलब्धता विकास का एक आवश्यक घटक है। इसलिए देश में अक्षय ऊर्जा तकनीकों पर गंभीरता से कार्य करना आवश्यक है। अक्षय ऊर्जा स्रोतों की अनुमानित क्षमता आगे तालिका 1.8 में दर्शाई गई है।

तालिका 1.8 भारत के अक्षय ऊर्जा स्रोत

अक्षय ऊर्जा स्रोत	*अनुमानित क्षमता* (MW)
सौर	550×10^{12}
वायु	45000
बॉयोमास	19500
लघु जलीय (small hydro)	15000

भारत में अक्षय ऊर्जा के उपक्रमों के क्षेत्र में अच्छा विकास हुआ है। परंतु अभी भी इसे विकास के क्रम में पहली श्रेणी में शामिल नहीं किया गया है। फिर भी हम कह सकते हैं कि भारत अन्य देशों की तुलना में कुछ कदम आगे ही है। भारत में इस

तालिका 1.9 भारत में अक्षय ऊर्जा तकनीकों की वर्तमान स्थिति (मार्च 2006)

प्रकार	*स्थापित क्षमता* (MW)	*अनुमानित क्षमता घटक*	*अनुमानित उत्पादन* (GWh/year)
वायु	5000	14%	6132
बॉयोमास जीवद्रव्य शक्ति	376	70%	2306
बॉयोमास जीवद्रव्य गैसिफायर	69	70%	423
बॉयोगैस सह-उत्पादन	540	60%	2838
लघु जलीय इकाई (small hydro)	1826	50%	7998
अपशिष्ट ऊर्जा	41	70%	251
सौर PV संयंत्र	2.74	20%	4
कुल	**7855**		**19952**

टिप्पणी : एक पॉवर प्लाण्ट का क्षमता घटक, एक अनुपात है जो कि, निश्चित समयान्तराल में उसकी वास्तविक उत्पादित शक्ति (आउटपुट) एवं उसी समयान्तराल में, जब उसे पूरी क्षमता के साथ चलाया जाए, के बीच। पहले कुल उत्पादित ऊर्जा निकाली जाती है तत्पश्चात् पूरी क्षमता पर उत्पादित ऊर्जा से विभाजित करके क्षमता घटक निकाला जाता है।

कार्य के लिए विशेष मन्त्रालय है; जिसे Ministry of New and Renewable Energy (MNRE), (www.mnes.nic.in) कहा जाता है; जो कि भारत में इन विकसित उपक्रमों का द्योतक है। भारत दुनिया के उन देशों में से एक है, जहाँ अक्षय ऊर्जा पर आधारित कार्यक्रम बड़े पैमाने पर संचालित हैं। इन कार्यक्रमों में सभी अक्षय ऊर्जा स्त्रोतों जैसे वायु, सौर PV संयंत्र, सौर तापीय, बॉयोमास, बॉयोगैस, हाइड्रो (जल) इत्यादि पर कार्य हो रहा है। इन सभी उपक्रमों के क्रमिक विकास में भारत सरकार का उल्लेखनीय योगदान है।

अभ्यास प्रश्न (Exercises)

1. एक समाचार-पत्र की प्रतिवेदन (report) के अनुसार एक कम्पनी 10 लाख प्रति मेगा वॉट के बराबर विद्युत खपत के लिए बिजली का बिल चुका रही है। इस कथन में क्या गलत है?
2. एक सेल्स मैन के अनुसार उसकी कम्पनी के उत्पाद माइक्रोवेब की अंकित क्षमता 3000 kWh है। इस कथन में क्या गलत है?
3. एक वयस्क व्यक्ति औसतन 2500 कैलोरी प्रतिदिन वाला भोजन ग्रहण करता है। इसे हम जूल एवं वॉट में कैसे दर्शाएंगे?
4. 4560 kJ ऊर्जा को जूल, BTU व kWh में दर्शाइए।

   4560 kJ ऊर्जा जूल में = 4560/ ...... = ... J
   4560 J ऊर्जा BTU में = 4560/ ...... = ... BTU
   4560 kJ ऊर्जा kWh में = 4560/ ...... = ... kWh
5. 5 kg पेट्रोल, डीज़ल, केरोसीन एवं लकड़ी को जलाने पर कितनी ऊर्जा का उत्पादन होगा? किसी ईंधन से मुक्त ऊर्जा = ईंधन का द्रव्यमान × ईंधन का कैलोरिफिक मान
   (a) पेट्रोल से मुक्त तापीय ऊर्जा = ... × ...... = ... MJ
   (b) डीजल से मुक्त तापीय ऊर्जा = ... × ...... = ... MJ
   (c) कैरोसीन से मुक्त तापीय ऊर्जा = ... × ...... = ... MJ
   (d) लकड़ी से मुक्त तापीय ऊर्जा = ... × ...... = ... MJ
6. मासिक बिजली का बिल

उपकरण का नाम	*अंकित शक्ति* (वॉट)	*उपकरणों की संख्या*	*समय* (घण्टे/दिन)	*प्रतिदिन ऊर्जा खपत* (वाट-घण्टे)
बल्ब	100	2	6	1200 (100 × 2 × 6)
पंखा				
दूरदर्शन (टी.वी.)				
कुल दैनिक ऊर्जा आवश्यकता (वॉट-घण्टे)				

मासिक ऊर्जा आवश्यकता (वाट-घण्टे) = दैनिक ऊर्जा आवश्यकता × 30

7. माना कि हमें किसी उपकरण में 1000 MJ की आवश्यकता है। और हमें दिए गए विकल्पों (ऊर्जा हेतु) में से एक का उपयोग करना है। यह विकल्प हमारे आर्थिक हित में होना चाहिए। यहाँ डीज़ल 46 MJ/kg, (35 रू./कि.ग्रा.), इथेनॉल 30 MJ/kg, (25 रू./कि.ग्रा.), पेट्रोल 45 J/kg., (49 रू./कि.ग्रा.) है।

	आवश्यकता	*कीमत/कि.ग्राम*	*कुल कीमत*
डीज़ल			
इथेनॉल			
पेट्रोल			
न्यूनतम कीमत			

उपर्युक्त ईंधन उपयोग के लिए सबसे अच्छा ईंधन ...... है एवं आवश्यक मात्रा ...... है।

8. किसी घर में एक 40 वॉट बल्ब का उपयोग एक दिन में 8 घंटे के लिए किया जाता है। इसकी ऊर्जा खपत ज्ञात कीजिए साथ ही यह भी ज्ञात कीजिए कि पॉवर प्लाण्ट में कितनी ऊर्जा खपत है व इतनी ही ऊर्जा प्राप्त करने हेतु कोयले की कितनी मात्रा की आवश्यकता है। माना कि विद्युत एक तापीय (thermal) पॉवर प्लाण्ट से प्राप्त हो रही है।

एक बल्ब द्वारा 8 घण्टे में खपत ऊर्जा = बल्ब की अंकित क्षमता × उपयोग का समय (घण्टे)

उपयोग की गई ऊर्जा = ... × ......

माना कि संप्रेषित दक्षता (60 से 70%) η_{trans} = ...

माना कि उत्पादन क्षमता (30 से 40%) η_{trans} = ...

उत्पादन स्थल (A) पर वास्तविक आवश्यकता ऊर्जा की गणना करें

A = उपयोग की गई ऊर्जा × η_{trans} × η_{trans} = ... × ...... × ......

माना कि कोयला की दहन दक्षता (70 से 80%) η_{comb} = ...

कोयले का कैलोरी मान = 30 MJ/kg

अब आवश्यक कोयले की मात्रा की गणना करें = A × C × कैलोरी मान (इकाइयों का ध्यान रखें)

= ...... × ....../......

= .... kg में।

9. एक घर में 40 वॉट के 4 बल्ब (8 घण्टे/दिन), 200 वॉट का 1 पंखा (12 घण्टे/दिन) व 1500 वॉट का विद्युत तापक (heater), (1 घण्टे/दिन) का उपयोग होता है। इस घर का सौर पैनल से विद्युतीकरण किया जाना है। इस घर के मासिक बिजली बिल की गणना करें एवं विद्युतीकरण के लिए आवश्यक सौर पैनल की संख्या की गणना करें।

उपकरण का नाम	*अंकित शक्ति* (वॉट)	*उपकरणों की संख्या*	*समय* (घण्टे/दिन)	*प्रतिदिन ऊर्जा खपत* (वॉट–घण्टा)
बल्ब				
पंखा				
विद्युत तापक (हीटर)				
कुल दैनिक ऊर्जा आवश्यकता (वॉट–घण्टा)				

मसिक ऊर्जा आवश्यकता (वॉट–घण्टा) = दैनिक ऊर्जा की आवश्यकता × 30
(Connected load)
कुल भार = उपकरण की क्षमता × उपकरणों की संख्या
= ...... × ...... + ... × ...... + ... × ......
= ...... वॉट–घण्टे
40 Wp पैनल के सौर मॉड्यूल का प्रदा (output) = 36 W (लगभग)
आवश्यक मॉड्यूलों की संख्या = भार (संयुक्त)/मॉडयूल उत्पादित ऊर्जा)
= ...... / ...... = ...
= ......

सौर विकिरण (SOLAR RADIATION) 2

अध्याय रूपरेखा

पृथ्वी सूर्य से ऊर्जा ग्रहण करती है। सभी पदार्थ ठोस, तरल एवं गैस जिनका तापमान शून्य से ऊपर होता है, वे विद्युत चुम्बकीय तरंगों के रूप में ऊर्जा उत्सर्जित करते हैं। सूर्य एक बहुत ही गर्म, गैसीय पदार्थों का गोला है, जिसका व्यास (diameter) 1.39×10^9 m है। उच्च तापमान होने से सूर्य विद्युत चुम्बकीय तरंगों (electromagnetic waves) के रूप में ऊर्जा उत्सर्जित करता है। यह विकिरण ऊर्जा पृथ्वी पर फोटॉन्स (ऊर्जा के छोटे-छोटे पैकेट्स) के रूप में प्राप्त होती है, जो कि 3×10^8 मी./सेकेण्ड की गति से गतिमान होते हैं। इन फोटॉन की ऊर्जा को विद्युत ऊर्जा, तापीय ऊर्जा एवं

रासायनिक ऊर्जा में परिवर्तित किया जा सकता है। उदाहरण के लिए जब सौर संयंत्र किसी धातु पर गिरते हैं तो वह धातु उन्हें अवशोषित कर लेती है, जिसके फलस्वरूप वह धातु गर्म हो जाती है। इस प्रकार फोटान्स, तापीय ऊर्जा में परिवर्तित हो जाते हैं। इसी प्रकार जब ये फोटॉन्स पौधों पर गिरते हैं, तो पौधों में प्रकाश संश्लेषण (photosynthesis) प्रक्रिया के दौरान ऑक्सीजन की उपस्थिति में ये रासायनिक ऊर्जा में परिवर्तित हो जाते हैं।

पृथ्वी के बढ़े हुए तापमान का कारण भी फोटॉन्स हैं, जो पृथ्वी की ऊपरी सतह द्वारा अवशोषित किए जाते हैं। इसी ताप से पानी का वाष्पीकरण भी होता है, जिसके फलस्वरूप बारिश होती है। पृथ्वी का असमान ताप ही वायु प्रवाह का कारण होता है। दुनिया के सभी हिस्सों में सौर विकिरण समान मात्रा में वितरित नहीं होते हैं। इसकी मात्रा क्षेत्र व मौसम के अनुसार बदलती रहती है। अतः किसी भी क्षेत्र के सौर सिस्टम (solar system) की क्षमता ज्ञात करने के लिए, उस क्षेत्र में सौर विकिरणों की उपलब्धता ज्ञात करना आवश्यक है। इस अध्याय में सौर विकिरणों के आधारभूत तथ्यों से परिचय कराया गया है। **परिशिष्ट क** में विभिन्न स्थानों पर उपलब्ध सौर विकिरणों के आँकड़े दिए गए हैं।

> *सौर विकिरण की मात्रा या उपलब्धता, मौसम एवं स्थान के अनुसार बदलती है। किसी भी सौर ऊर्जा संयंत्र से ऊर्जा प्राप्ति का अनुमान लगाने के लिए सौर विकिरणों की उपलब्धता ज्ञात करना आवश्यक है।*

2.1 सौर स्पेक्ट्रम (Solar Spectrum)

विद्युत चुम्बकीय तरंगों (electromagnetic wave) या फोटॉन्स को उनकी आवृति f (frequency) या तरंगदैर्ध्य (λ) (Wave lengths) से पहचाना जाता है। सौर विकिरणों की तरंगदैर्ध्य को माइक्रोमीटर (1 micrometre = 1×10^{-6} meter) या नैनोमीटर (1 nanometre = 1×10^{-9} meter) में दर्शाया गया है। एक फोटॉन को उसमें निहित ऊर्जा से भी परिभाषित किया जा सकता है, फोटॉन की ऊर्जा को इलेक्ट्रॉन वोल्ट या eV में दर्शाया जाता है।

सौर ऊर्जा विभिन्न तरंगदैर्ध्यों के रूप में उत्सर्जित होती है। जो कि 0.15 से 120 माइक्रोमीटर के बीच होती है। सौर ऊर्जा संयंत्रों के लिए उपयोगी तरंगदैर्ध्य 0.15 से 4.0 माइक्रोमीटर के बीच होती है, जो कि कुल सौर विकिरण का 99% है। इन तरंगदैर्ध्यों के अंतर्गत पराबैंगनी विकिरण (ultraviolet), परालाल विकिरण (infrared radiation) व दृश्य (visible) विकिरण (जिनके कारण हम देख पाते हैं) आदि होते हैं। पृथ्वी पर गिरने वाले विकिरणों में 48% दृश्य (visible) विकिरण, 43% परालाल (infrared) विकिरण व 7.5% पराबैंगनी विकिरण होते हैं। विकिरणों की तरंगदैर्ध्यों एवं उनमें निहित ऊर्जा को तालिका 2.1 में दर्शाया गया है।

तालिका 2.1 विभिन्न ऊर्जाओं की मात्रा एवं तरंगदैर्ध्यों के रूप में सौर स्पेक्ट्रम का वितरण

नाम	*तरंगदैर्ध्य (माइक्रोमीटर)*	*ऊर्जा की मात्रा (%)*
पराबैंगनी विकिरण	0.15–0.38	7.6
दृश्य विकिरण	0.38–0.72	48.4
परालाल विकिरण	0.72–4.0	43
अन्य विकिरण	> 4.0	1

सौर स्पेक्ट्रम विभिन्न विद्युत चुम्बकीय तरंगों का समूह होता है।

2.2 वातावरण के बाहर गिरने वाले विकिरण (Extraterrestrial Radiation)

किसी भी ग्रह पर पहुँचने वाले सौर विकिरण सूर्य से उसकी दूरी पर निर्भर करते हैं। पृथ्वी सूर्य से लगभग 1.5×10^{11} मीटर दूरी पर है। वातावरण से बाहर गिरने वाले विकिरण (extraterrestrial radiation) वे विकिरण हैं, जो पृथ्वी पर उसके वातावरण के बाहर गिरते हैं। इन विकिरणों की मात्रा वर्ष भर समान रहती है। क्योंकि सूर्य व पृथ्वी के बीच का क्षेत्र वायुरहित (निर्वात) कभी नहीं बदलता एवं दोनों के बीच की दूरी भी वर्ष-भर लगभग समान ही रहती है।

इन विकिरणों को सौर-स्थिरांक से दर्शाया जाता है। सौर-स्थिरांक औसत विकिरण तीव्रता है, जो कि सूर्य से पृथ्वी की औसत दूरी पर पृथ्वी की सतह के ऊर्ध्वाधर प्रति इकाई क्षेत्रफल द्वारा ग्रहण की जाती है। सौर स्थिरांक का मान 1367 W/m^2 है। सौर स्थिरांक का मान वास्तविक गणनाओं द्वारा प्राप्त किया गया है।

2.3 पृथ्वी की सतह पर पहुँचने वाले विकिरण (Radiation on the Earth Surface)

सौर विकिरण पृथ्वी की सतह पर पहुँचने से पूर्व, पृथ्वी के वातावरण से होकर गुजरते हैं। पृथ्वी के वातावरण की मोटाई को air mass–(AM) कहा जाता है। एअर मास से गुजरने के दौरान सौर विकिरण की कुछ मात्रा वातावरण द्वारा अवशोषित कर ली जाती हैं, एवं कुछ मात्रा का बिखराव (scatter) हो जाता है, इस प्रकार सतह पर पहुँचने वाले सौर विकिरण की मात्रा कम हो जाती है। इस बिखराव एवं अवशोषण का कारण है ओजोन परत, वाष्प, CO_2, O_2 एवं धूल कण इत्यादि की वातावरण में उपस्थिति। सौर विकिरणों की तीव्रता को तरंगदैर्ध्य के रूप में चित्र 2.1 में दर्शाया गया है। विकिरण की तीव्रता को वॉट प्रति इकाई क्षेत्र प्रति इकाई तरंगदैर्ध्य ($Wm^2\ nm^{-1}$ = Watt per unit area per unit wavelength) के रूप में दर्शाया जाता है।

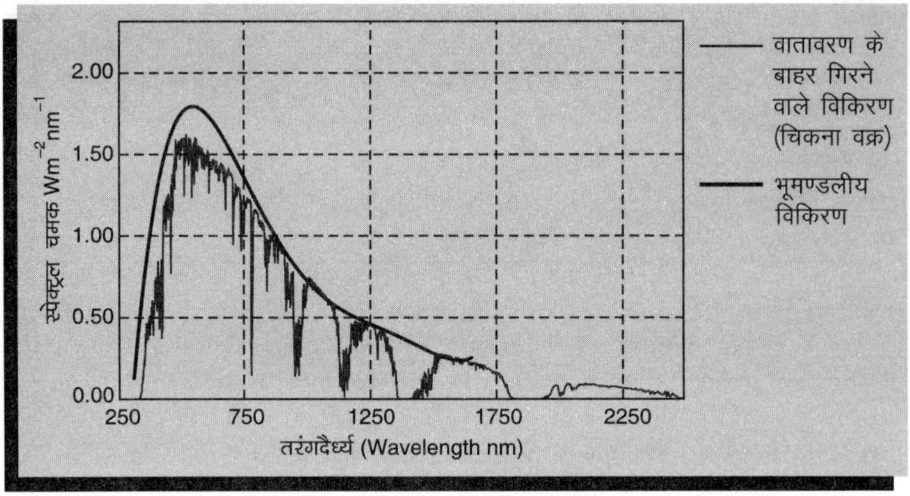

चित्र 2.1 पृथ्वी की सतह पर वातावरण के बाहर गिरने वाले विकिरण (पृथ्वी के वातावरण के बाहर) एवं भूमण्डलीय विकिरण।

सौर विकिरण का क्षीणन (attenuation) इस बात पर निर्भर करता है, कि उसने पृथ्वी की सतह तक पहुँचने में कितनी दूरी (एअर मास) तय की है। जब विकिरणों को पृथ्वी के वातावरण से बाहर (extraterrestrial) मापा जाता है तो उसे AM0 विकिरण कहा जाता है (यानि एअर मास में तय की गई दूरी शून्य है। जब विकिरणों को पृथ्वी की सतह पर मापा जाता है (जब सूर्य ठीक सिर के ऊपर हो), तब इसे AM1 विकिरण कहा जाता है। इस स्थिति में सूर्य किरणों द्वारा पृथ्वी की सतह पर पहुँचने के लिए जब एक air mass के बराबर दूरी तय की जाती है (चित्र 2.2 में दर्शाया गया है।) परन्तु सूर्य हमेशा ओवरहेड (सिर के ठीक ऊपर) स्थिति में नहीं रहता है, यह गति के साथ ओवरहेड स्थिति से कुछ कोण की दूरी पर होता है, तब सौर विकिरणों को सतह तक पहुँचने हेतु अधिक दूरी तय करनी पड़ती है। जैसे कि यदि विकिरणों द्वारा तय की गई दूरी AM1 से 1.5 गुना अधिक है, तो वे विकिरण AM 1.5 कहलाएंगे (तालिका 2.2)।

पृथ्वी की सतह पर सौर विकिरण पहुँचने के पहले उनका अवशोषण एवं बिखराव होता है।

तालिका 2.2 सूर्य की विभिन्न स्थितियों या कोणों पर पृथ्वी की सतह पर पहुँचने वाली सौर ऊर्जा

पृथ्वी की सतह पर पहुँचने के लिए सौर विकिरणों द्वारा तय की गई दूरी या air mass	*पृथ्वी की सतह पर पहुँचने वाले सौर विकिरण फ्लक्स* (W/m^2)
AM0 (वातावरण के बाहर गिरने वाले विकिरण)	1376
AM1 (ठीक सिर के ऊपर सूर्य)	1105
AM1.5 (सूर्य सिर के ऊपर की स्थिति से 48° पर)	1000
AM2 (सूर्य सिर के ऊपर की स्थिति से 60° पर)	894

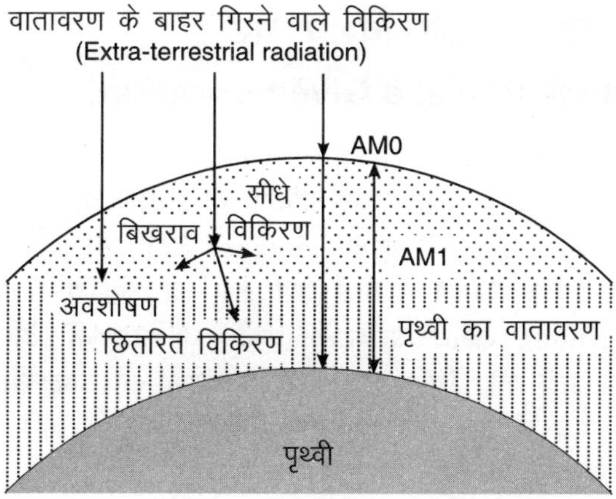

चित्र 2.2 वातावरण के बाहर गिरने वाले विकिरण, सीधे विकिरण, छितरित विकिरण एवं पृथ्वी की सतह पर पहुँचने के लिए सौर विकिरणों द्वारा तय की गई दूरी।

2.4 भूमण्डलीय, सीधे एवं छितरित सौर विकिरण (Global, Direct and Diffuse Solar Radiation)

पृथ्वी के वातावरण के बाहर सौर किरणें परस्पर समानान्तर चलती हैं। जब ये सौर किरणें पृथ्वी के वातावरण से गुजरती हैं, तो वातावरण में उपस्थित गैसीय अणुओं एवं अन्य कणों और किरणों के बीच विभिन्न क्रियाएँ होती हैं, जैसे अवशोषण एवं बिखराव। अवशोषण के दौरान विकिरणों की ऊर्जा गैसीय अणुओं एवं वातावरण में उपस्थित कणों में स्थानान्तरित हो जाती हैं, इस प्रकार विकिरणों की हानि होती हैं। इस तरह कुल सौर विकिरणों का 20 प्रतिशत वातावरण में ही अवशोषित हो जाता है। बिखराव के दौरान सौर विकिरणों की दिशाए बदल जाती हैं (जैसा कि चित्र 2.2 में दर्शाया गया है)। इस प्रकार बिखरे हुए विकिरणों का असमान रूप से पुनः वितरण हो जाता है। इन बिखरे विकिरणों को छितरित (diffuse) विकिरण कहा जाता है। वे विकिरण जो कि अवशोषण या छितरण प्रक्रिया से होकर नहीं गुजरते हैं वे पृथ्वी की सतह पर सीधे पहुँच जाते हैं, उन्हें सीधे विकिरण (direct) कहा जाता है। पृथ्वी पर पहुँचने वाले विकिरणों की कुल मात्रा सीधे (direct) विकिरण व छितरित (diffuse) विकिरणों का योग होती है। इस कुल मात्रा को भूमण्डलीय विकिरण (global radiation) कहा जाता है। सामान्य दिनों (sunny days) में छितरित (diffuse) विकिरण, भूमण्डलीय विकिरण का 15 से 20% होता है, जबकि वर्षा ऋतु में छितरित (diffuse) विकिरणों का प्रतिशत सीधे विकिरणों की तुलना में बढ़ जाता है।

> *पृथ्वी की सतह पर भूमण्डलीय विकिरण सीधे एवं छितरित (diffuse) विकिरणों का योग होता है।*

2.5 सौर विकिरण स्थान विशेष पर (Solar Radiation at a Given Location)

किसी भी स्थान पर एक निश्चित समय अन्तराल में गिरने वाले सौर विकिरणों की मात्रा ज्ञात करना आवश्यक है क्योंकि इन आँकड़ों के आधार पर ही उस स्थान के लिए, समय विशेष पर, सौर उपकरण का खाका (design) तैयार किया जाता है। इन आँकड़ों को ज्ञात करने हेतु अनेक पैमाने हैं जैसे उस क्षेत्र का अक्षांश (latitude), उस क्षेत्र का देशान्तर (longitude), समय अन्तराल (घण्टे), व साल के दिन (या महीने)। इन पैमानों की मदद से सूर्य की स्थिति एवं सौर विकिरणों की उपलब्धता को ज्ञात करना आसान है। इस पुस्तक में इन गणनाओं को विस्तृत रूप से नहीं समझाया गया है। परन्तु हम सौर विकिरणों के पैटर्न पर चर्चा करेंगे।

2.5.1 दैनिक विकिरण क्रम (Daily Radiation Pattern)

सूर्योदय पूर्व में एवं सूर्यास्त पश्चिम में होता है। सूर्योदय के समय जैनिथ कोण (zenith angle—सूर्य की किरणों एवं किसी स्थल विशेष की क्षैतिज सतह की ऊर्ध्वाधर (perpendicular) रेखा के बीच बनने वाला कोण) अधिक या उच्च कोण होता है। दोपहर तक जैनिथ कोण कम होता जाता है। अर्थात् दोपहर में जैनिथ कोण न्यूनतम हो जाता है। दोपहर के समय सौर किरणों को सबसे कम दूरी तय करनी पड़ती है। जिस वजह से सौर किरणों का सबसे कम अवशोषण एवं छितरण होता है। शाम होते-होते जैनिथ कोण बढ़ता जाता है जिसके परिणामस्वरुप भूसतह को प्राप्त सौर विकिरणों की मात्रा कम हो जाती है। किसी क्षेत्र का भूमण्डलीय एवं छितरित (diffuse) सौर विकिरणों का दैनिक क्रम निम्नांकित चित्र 2.3 में दर्शाया गया है।

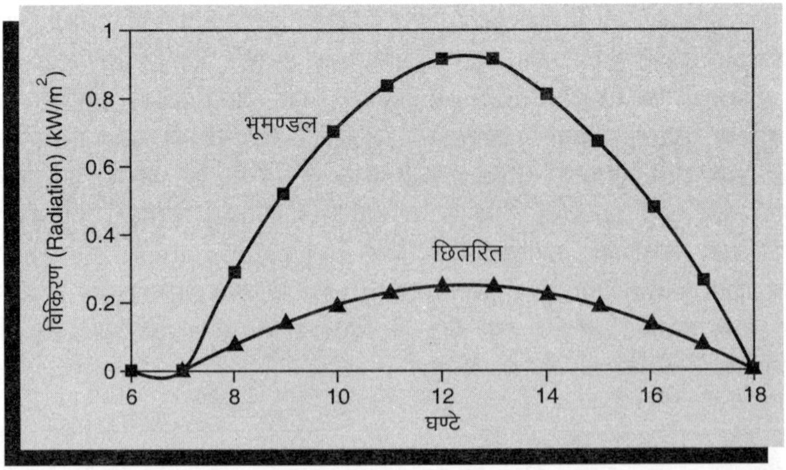

चित्र 2.3 नागपुर में मार्च महीने के दौरान निश्चित समयान्तराल (प्रति घण्टे) पर भूमण्डलीय एवं छितरित विकिरणों का क्रम।

एक दिन में सुबह से दोपहर तक सूर्य का जैनिथ कोण कम होता जाता है परिणामस्वरूप सौर विकिरणों की मात्रा अधिक होती है एवं दोपहर से रात तक ठीक इसका उल्टा होता है।

2.6 सौर विकिरणों का वार्षिक परिवर्तन (Annual Variation in Solar Radiation)

सबसे पहले हम पृथ्वी के घूर्णन (rotation) एवं इसके सूर्य से सम्बन्ध की जानकारी हासिल करेंगे। पृथ्वी अपने ही अक्ष पर घूर्णन करने के साथ-साथ सूर्य के चारों ओर भी चक्कर लगाती है। सूर्य के चारों ओर चक्कर लगाती हुई पृथ्वी का एक ऊर्ध्वाधर (perpendicular) अक्ष बनता है। पृथ्वी का घूर्णन अक्ष (जिस अक्ष पर पृथ्वी घूर्णन करती है) ऊर्ध्वाधर अक्ष की तुलना में (23.5° के कोण से) झुका होता है। (चित्र 2.4 देखें)। पृथ्वी का घूर्णन अक्ष (rotation axis) का झुकाव व सूर्य के चारों ओर चक्कर लगाने के परिणामस्वरुप पूरे वर्ष मौसम परिवर्तन होते हैं।

भूमध्यरेखा (equator), उत्तरी अक्षांश (tropic of cancer) व ट्रॉपिक ऑफ केप्रिकॉर्न (tropic of capricorn) को चित्र 2.4 में दर्शाया गया है। चित्र से स्पष्ट है कि 21 जून (जिसे summer solstice या कर्क संक्रांति कहा जाता है) को ट्रॉपिक ऑफ कैंसर (23.5° उत्तरी अक्षांश) पर स्थित बिन्दु A वाला क्षेत्र, सूर्य के ठीक सामने होता है। (दोपहर में सूर्य ठीक सिर के ऊपर होता है)। अतः 21 जून को उत्तरी अक्षांश पर स्थित क्षेत्रों में सबसे अधिक सौर विकिरण गिरेंगे। इस प्रकार इन क्षेत्रों में यह समय गर्मियों का होगा। इसी प्रकार 21 दिसम्बर को (जिसे मकर संक्रांति या winder solstice कहा जाता है। ट्रॉपिक ऑफ कैंसर (23.5° दक्षिणी अक्षांश पर) सूर्य के ठीक सामने होगा, इसीलिए इस बिन्दु पर स्थित क्षेत्रों के लिए यह गर्मी का मौसम होगा। दिसम्बर में बिन्दु A पर स्थित क्षेत्र, सूर्य और पृथ्वी को मिलाने वाली क्षैतिज रेखा के साथ $23.5° + 23.5° = 47°$ का कोण बनाते हैं। इस कोण के कारण बिन्दु A पर, 21 जून को गिरने वाले विकिरणों की अपेक्षा दिसम्बर में कम विकिरण गिरेंगे। अतः यह समय बिन्दु A सर्दी का मौसम (winter season) होगा। अतः स्पष्ट है कि उत्तरी अक्षांश पर स्थित क्षेत्रों के लिए दिसम्बर सर्दी का मौसम है।

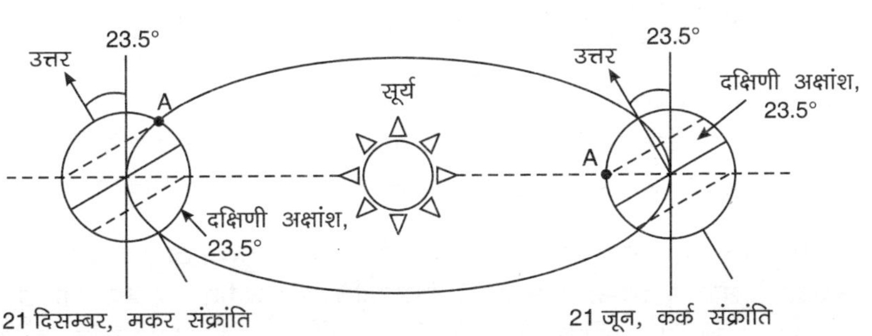

चित्र 2.4 पृथ्वी का सूर्य से सम्बन्ध एवं पृथ्वी का घूर्णन, बिन्दु A पर गर्मी एवं सर्दी के मौसम की स्थिति।

दिसम्बर व जून के बीच पृथ्वी एक ऐसी स्थिति (phase) से गुजरती है, जब भूमध्यरेखा के क्षेत्र (equatorial region), दोपहर के वक्त सूर्य किरणों के ऊर्ध्वाधर (perpendicular) हो जाते हैं। यह स्थिति प्रत्येक वर्ष 21 सितम्बर व 21 मार्च को बनती है जब दिन और रात बराबर हो जाते हैं इन दिनों को सोलर इक्वीनॉक्स (solar equinox) कहा जाता है। विशेषतः इस दिन भूमध्य क्षेत्र पर सूर्य ठीक सिर के ऊपर होता है। अतः सूर्य किरणों को पृथ्वी की सतह पर पहुँचने में सबसे कम दूरी तय करनी होती है। और उनका सबसे कम अवशोषण व बिखराव होता है। जिसके परिणामस्वरूप भूमध्य क्षेत्र सबसे अधिक सौर विकिरण प्राप्त करता है।

पृथ्वी पर मौसमों की उत्पत्ति का कारण है उसका, अपने घूर्णन अक्ष से 23.5° कोण से झुका होना।

2.7 सौर उपकरणों हेतु इष्टतम झुकाव (Optimal Tilt for Solar Equipment)

जैसा कि चित्र 2.5 में दर्शाया गया है, बिन्दु A (23.5° उत्तरी अक्षांश में) ट्रॉपिक ऑफ कैन्सर पर है। इस पर एक सौर उपकरण लगाया गया है। चित्र से स्पष्ट है कि इस स्थान पर गर्मियों में सबसे ज्यादा सौर विकिरण गिरेंगे। उसी स्थान पर सर्दियों या दिसम्बर मास में सबसे कम सौर विकिरण प्राप्त होंगे। दिसम्बर में बिन्दु A की क्षैतिज सतह पर एक निश्चित कोण पर ही विकिरण मिलेंगे, जो कि क्षेत्र के अक्षांश (latitude) + पृथ्वी का अक्ष से झुकाव (inclination of earth axis)(=23.5° + 23.5° = 47°) के बराबर होगा।

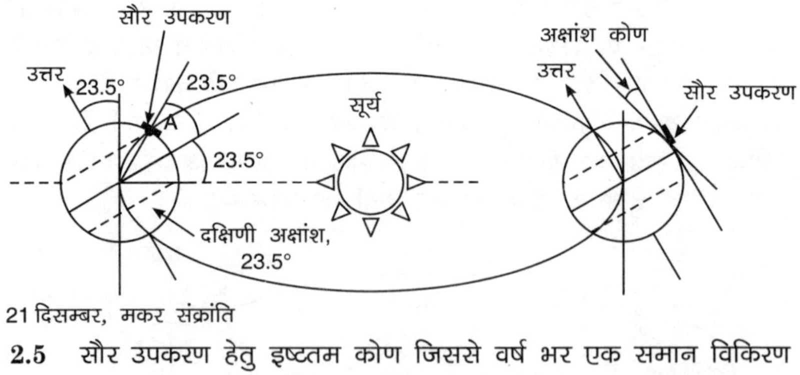

चित्र 2.5 सौर उपकरण हेतु इष्टतम कोण जिससे वर्ष भर एक समान विकिरण प्राप्त हों। सौर उपकरण अक्षांश कोण के बराबर कोण पर स्थापित होना चाहिए।

अधिकांशतः यह आवश्यक है कि, एक सौर संयंत्र (फोटोवोल्टाइक, PV या तापीय सौर उपकरण) साल भर समान मात्रा में सौर विकिरण संग्रहीत कर सके या संयंत्र का झुकाव ऐसा हो कि वह सर्दियों में, गर्मियों की अपेक्षा अधिक सौर विकिरण संग्रहीत कर सके जैसे कि सोलर वॉटर हीटर। इसके लिए सौर संयंत्र को अक्षांश कोण

(latitude angle) के बराबर कोण पर झुकाया जा सकता है। इस व्यवस्था से दोपहर में सौर विकिरणों एवं संयंत्र के बीच का कोण पृथ्वी के अक्ष से झुकाव के कोण के बराबर हो जाता है। इस प्रकार संयंत्र सर्दियों में समतल सतह की तुलना में ज्यादा विकिरण प्राप्त करेगा। भारत के 25 स्टेशनों के भूमण्डलीय सौर विकिरण आँकड़े (क्षैतिज सतह पर) एवं अक्षांश कोण पर झुकी सतह पर उपलब्ध विकिरण के आँकड़े **परिशिष्ट क** में दिए गए हैं।

चित्र 2.5 से यह स्पष्ट है कि उत्तरी अर्धवृत्त पर सौर संयंत्र का सामने का भाग दक्षिण दिशा में व दक्षिणी अर्धवृत्त पर सौर संयंत्र का सामने का भाग उत्तर दिशा की तरफ होना चाहिए। कुछ संयंत्र ऐसे होते हैं जो कि सूर्य की स्थिति के अनुसार व्यवस्थित हो जाते हैं, वे सूर्य किरणों की ऊर्ध्वाधर स्थिति में स्वयं सेट हो जाते हैं। यदि इस तरह के संयंत्र में पूर्ण सफलता मिलती है, तो किसी भी संयंत्र को अक्षांश कोण के बराबर कोण पर सेट करने की आवश्यकता नहीं होगी।

किसी भी सौर संयंत्र को यदि अक्षांश कोण (latitude angle) के बराबर कोण पर स्थापित (installed) किया जाए, तो वर्ष भर एक समान सौर विकिरण (homogeneous radiation) प्राप्त किए जा सकते हैं।

2.8 इष्टतम झुकाव पर औसत मासिक भूमण्डलीय विकिरण (Monthly Averaged Global Radiation at Optimal Tilt)

किसी भी स्थान की क्षैतिज सतह (horizontal surface) एवं क्षेत्र के अक्षांश कोण के बराबर कोण वाली सतह पर उपलब्ध सौर विकिरणों की मात्रा ज्ञात करना आवश्यक है। भारत का औसत मासिक भूमण्डलीय एवं छितरित (diffuse) विकिरण के आँकड़े **परिशिष्ट ख** में दिए गए हैं। इसी परिशिष्ट में क्षैतिज सतह पर भूमण्डलीय सौर विकिरणों की उपलब्धता भी दी गई है। चूँकि किसी सौर संयंत्र को इष्टतम झुकाव पर लगाया जाता है, अतः उस स्थान के सौर विकिरण की मात्रा ज्ञात करना जरूरी है। भारत के विभिन्न शहरों के भूमण्डलीय सौर विकिरण (इष्टतम झुकाव के कोण जो अक्षांश कोण के बराबर है) **परिशिष्ट क** में दिए गए हैं। इन आँकड़ों की तुलना क्षैतिज सतह पर उपलब्ध भूमण्डलीय विकिरणों की मात्रा से की गई है। वे शहर जहाँ के आँकड़े नहीं दिए गए हैं, उनके सबसे पास के शहर के आँकड़ों का उपयोग किया जा सकता है। या फिर वे दो शहर जहाँ की जलवायु (climate) की स्थितियाँ समान होंगी, वहाँ के आँकड़े भी समान होंगे।

वार्षिक भूमण्डलीय सौर विकिरण (Annual Global Solar Radiation)

दैनिक सौर विकिरण के आँकड़े **परिशिष्ट क** में दिए गए हैं। किसी भी क्षेत्र में सौर संयंत्र की सफलता का अनुमान लगाने के पूर्व उस क्षेत्र के वार्षिक सौर विकिरण के आँकड़े प्राप्त करना आवश्यक है। **परिशिष्ट क** में दिए दैनिक सौर विकिरण के आँकड़ों के द्वारा किसी क्षेत्र का वार्षिक सौर विकिरण आँकड़ा (क्षैतिज सतह एवं झुकाव के कोण पर) प्राप्त किया जा सकता है। सबसे पहले मासिक भूमण्डलीय सौर विकिरण के लिए

एक मास के औसत दैनिक भूमण्डलीय सौर विकिरणों को महीने के कुल दिनों से गुणा करना होगा। (तालिका 2.3 का उपयोग करें)। फिर उस क्षेत्र के भूमण्डलीय सौर विकिरणों का 12 महीनों का मान जोड़ने पर वार्षिक भूमण्डलीय सौर विकिरण का मान निकल आएगा। क्षैतिज सतह व इष्टतम झुकाव वाली सतह के लिए वार्षिक विकिरण आँकड़ों को अलग-अलग निकाला जा सकता है।

तालिका 2.3 क्षैतिज सतह पर वार्षिक भूमण्डलीय सौर विकिरणों की गणना (परिशिष्ट क में दिए गए दैनिक भूमण्डलीय सौर विकिरणों के आँकड़ों की मदद से)

क्षेत्र का नाम = ..., क्षेत्र का अक्षांश = ...,

मास	*महीने के कुल दिन* (A)	*क्षैतिज सतह पर औसत दैनिक भूमण्डलीय विकिरण,* kWh/m^2–day (B)	*क्षैतिज सतह पर मासिक भूमण्डलीय विकिरण* (=A × B), kWh/m^2–month
जनवरी	31		
फरवरी	28		
......	......		
दिसम्बर	31		
कुल (वार्षिक भूमण्डलीय विकिरण), kWh/m^2–year			

अभ्यास प्रश्न (Exercises)

1. छितरित (diffuse), सीधे एवं भूमण्डलीय सौर विकिरणों में क्या अन्तर है?
2. पृथ्वी पर पहुँचने वाले सौर विकिरणों की मात्रा, पृथ्वी के बाहर गिरने वाले (extraterrestrial) विकिरणों से कम होती है। क्यों?
3. एक सौर संयंत्र को उत्तरी अक्षांश की क्षैतिज सतह पर लगाया गया है। उस संयंत्र पर वर्ष भर गिरने वाले सौर विकिरणों का क्रम (Pattern) किस तरह का होगा?
4. सौर स्पेक्ट्रम के क्या लाक्षणिक गुण हैं? स्पेक्ट्रम के किस भाग को दृश्य स्पेक्ट्रम कहा जाता है?
5. एयर मास (air mass) को परिभाषित करें।
6. AM 1.5 द्वारा ग्रहण की जाने वाली सौर विकिरणों की मात्रा AM1 की तुलना में अधिक होगी। इस कथन पर अपने विचार व्यक्त करें।
7. वर्षा काल में छितरित (diffuse) विकिरणों की मात्रा क्यों बढ़ जाती है?
8. एक नॉन-ट्रेकिंग सौर संयंत्र को अक्षांश कोण के बराबर कोण पर लगाने की सलाह क्यों दी जाती है?
9. दक्षिणी अर्धवृत्त (hemisphere) पर लगाए गए संयंत्र का सामने का हिस्सा उत्तरी दिशा में रखने की सलाह क्यों दी जाती है?

10. परिशिष्ट क में दिए गए आँकड़ों का उपयोग करते हुए पाँच स्थानों (बढ़ते हुए अक्षांश के क्रम में) के लिए मार्च मास में भूमण्डलीय विकिरणों की मात्रा निकालें। आँकड़ों से आपको किस तरह का खाका (pattern) प्राप्त होता है? इस खाका के बारे में अपने विचार व्यक्त करें।

11. 5 जुलाई को मुम्बई में क्षैतिज सतह पर व अक्षांश कोण पर झुकी सतह पर प्राप्त होने वाले दैनिक भूमण्डलीय, सीधे व छितरित विकिरण निकालें। साथ ही उसी दिन के लिए, झुकी सतह पर सीधे सौर विकिरणों का मान ज्ञात करें–

झुकी सतह पर दैनिक भूमण्डलीय सौर विकिरण A = ... kWh/m^2–day

झुकी सतह पर दैनिक छितरित विकिरण B = ... kWh/m^2–day

झुकी सतह पर दैनिक सीधे विकिरण C = दैनिक भूमण्डलीय विकिरण–दैनिक छितरित विकिरण = ... kWh/m^2–day

12. 10 दिसम्बर 2007 को बैंगलोर में झुकी सतह व क्षैतिज सतह के लिए दैनिक भूमण्डलीय, सीधे व छितरित विकिरण निकालें।

झुकी सतह पर दैनिक भूमण्डलीय सौर विकिरण A = ... kWh/m^2–day

झुकी सतह पर दैनिक छितरित विकिरण B = ... kWh/m^2–day

झुकी सतह पर दैनिक सीधे विकिरण C = दैनिक भूमण्डलीय विकिरण–दैनिक छितरित विकिरण = ... kWh/m^2–day

13. परिशिष्ट में दिए सौर विकिरण आँकड़ों की मदद से, पाँच विभिन्न स्थानों का वार्षिक भूमण्डलीय सौर विकिरण निकालें। निम्न चरणों का अनुकरण करें–

पहला चरण : एक महीने के औसत दैनिक भूमण्डलीय सौर विकिरण को एक माह के कुल दिनों से गुणा करके मासिक भूमण्डलीय सौर विकिरण निकालें।

दूसरा चरण : उस क्षेत्र के 12 महीनों के भूमण्डलीय सौर विकिरणों को जोड़ कर वार्षिक भूमण्डलीय सौर विकिरण निकालें।

सौर फोटोवोल्टाइक प्रौद्योगिकी (SOLAR PHOTOVOLTAIC TECHNOLOGIES)

3

अध्याय रूपरेखा

सौर संयंत्र एक ऐसी अर्द्धचालक युक्ति है, जो सूर्य के प्रकाश को सीधे विद्युत में परिवर्तित करती है। अतः सौर संयंत्र पैनल या सौर संयंत्र मॉड्यूल सूर्य के प्रकाश के सम्पर्क में आने पर वोल्टेज व करंट (विद्युतधारा) इसके प्रदा (output) टर्मिनल पर पैदा करता है। इस विद्युत धारा या वोल्टेज को हमारी विद्युत आवश्यकता के लिए उपयोग किया जा सकता है। इस विधि द्वारा पैदा की जाने वाली बिजली की मात्रा, उपलब्ध सूर्य के प्रकाश पर निर्भर करती है। सूर्य के प्रकाश की तीव्रता जितनी अधिक होगी, उतनी ही अधिक बिजली पैदा होगी। सूर्य का प्रकाश प्राप्त न होने की स्थिति में PV मॉड्यूल बिजली नहीं बना सकता। एक PV मॉड्यूल से उत्पन्न बिजली की मात्रा इसके आकार (size) पर भी निर्भर करती है, जितना अधिक मॉड्यूल का आकार होगा, उतनी ही अधिक बिजली पैदा होगी। PV मॉड्यूल से प्राप्त बिजली dc (direct current) होती है। जबकि हम अपने घरों में जिस बिजली का उपयोग करते हैं, वह ac (alternating current) होती है।

सौर संयंत्र PV मॉड्यूल, सूर्य के प्रकाश की उपस्थिति में ही बिजली पैदा करता है।

हमारे घरों एवं उद्योगों के अधिकांश उपकरण बिजली से ही चलते हैं। हमें बल्ब, दूरदर्शन, पंखे, फ्रिज, मिक्सर, वॉशिंग मशीन इत्यादि हेतु बिजली की ही आवश्यकता होती है। सौर PV से प्राप्त बिजली से ये सभी उपकरण चलाए जा सकते हैं। यही नहीं, सौर PV की मदद से बड़े-बड़े उपकरण जैसे वॉटर पम्प को भी चलाया जा सकता है यहाँ तक कि सौर PV से MW के बराबर की बिजली भी पैदा की जा सकती है।

सौर PV से प्राप्त बिजली को बिजली की आवश्यकता वाले किसी भी उद्‌देश्य में उपयोग किया जा सकता है।

एक सौर PV पैनल, dc विद्युत शक्ति पैदा करता है, जो कि विद्युत ग्रिड से प्राप्त ac विद्युत शक्ति से अलग होता है। dc में विद्युत बहाव की दिशा कभी भी परिवर्तित नहीं होती है जबकि ac में एक सेकण्ड 50 बार बहाव की दिशा परिवर्तित होती है। बाजार में dc एवं ac दोनों शक्ति से चलने वाले उपकरण उपलब्ध हैं। हमारे घरों में उपयोग होने वाले अधिकांश उपकरणों में ac शक्ति का उपयोग होता है, अतः dc शक्ति को ac में बदलने की आवश्यकता होती है। dc शक्ति को ac में एक युक्ति (इनवर्टर) से बदला जा सकता है। एक रेक्टिफायर द्वारा ac शक्ति को dc शक्ति में बदला जा सकता है।

एक सौर PV मॉड्यूल dc पॉवर पैदा करता है, जिसे इनवर्टर के द्वारा ac पॉवर में बदला जा सकता है।

3.1 सौर PV तकनीक : लाभ एवं सीमाएँ (Solar PV Technology : Advantages and Limitations)

हम जानते हैं कि विद्युत ऊर्जा, ऊर्जा का एक बहुत ही मूल्यवान रूप है। एक बटन दबाते ही एक युक्ति (device) को बन्द या चालू किया जा सकता है। सौर PV तकनीक में सूर्य का प्रकाश अदा (input) है और विद्युत ऊर्जा प्रदा (output) है। इस प्रकार सूर्य के प्रकाश का बिजली में सीधा रूपान्तरण होता है। अन्य अक्षय ऊर्जा तकनीकों जैसे वायु, बॉयोमास, सौर-तापीय, एवं माइक्रो-हाइड्रो में विभिन्न ऊर्जा रूपों को विद्युत ऊर्जा में बदलने के लिए कुछ अन्य प्रक्रियाओं (intermediate step) से होकर गुजरना पड़ता है। इस प्रकार सौर PV एक बहुत ही आकर्षक युक्ति (device) है।

> *सौर PV मॉड्यूल द्वारा सूर्य प्रकाश को सीधे विद्युत ऊर्जा में बिना किसी माध्यमिक प्रक्रिया के, रूपान्तरित किया जा सकता है।*

सौर PV तकनीकों में अर्द्धचालक (semiconductor) पदार्थ का उपयोग होता है (जैसे—धातु एल्युमिनियम एवं इन्सुलेटर के गुणों के बीच के गुण वाला पदार्थ, उदाहरण के लिए प्लास्टिक)। सौर PV पैनल में कोई भी भाग (part) गतिमान नहीं होता, अतः इसमें खास रखरखाव की आवश्यकता नहीं होती। समझने के लिए हम अपने दोपहिया व चार पहिया वाहनों का उदाहरण ले सकते हैं, जिनके अधिकांश भाग (part) गतिमान होते हैं। अतः उनमें रखरखाव की बहुत अधिक आवश्यकता होती है। इसी प्रकार अन्य अक्षय ऊर्जा तकनीकों जैसे बॉयोमास, वायु ऊर्जा के यंत्रों में भी गतिमान भाग (parts) होते हैं, अतः इनके लगातार रख-रखाव की आवश्यकता होती है।

> *सौर PV मॉड्यूल के लगातार रखरखाव की आवश्यकता नहीं होती है।*

परन्तु सौर PV मॉड्यूल सूर्य के प्रकाश की उपस्थिति में ही कार्य कर सकते हैं। जैसे कि रात या बादलों से आच्छादित दिनों में ये कार्य नहीं करते। अतः एक ऐसी युक्ति (device) की आवश्यकता है जिसमें ऊर्जा को संग्रहीत किया जा सके। जिससे सूर्य प्रकाश उपलब्ध न होने की स्थिति में भी, सौर PV की विद्युत ऊर्जा का उपयोग किया जा सके। सामान्यतः इस उद्देश्य हेतु बैटरियों का उपयोग किया जाता है। अक्षय ऊर्जा तकनीकों के उपयोग में एक बड़ी कमी है, इनके स्त्रोतों का लगातार उपलब्ध न होना। (जैसे—वायु एवं सूर्य का प्रकाश)। यह स्थिति बॉयोमास एवं माइक्रो हाइड्रो पॉवर के साथ नहीं है, क्योंकि इनकी निरंतर उपलब्धता सुनिश्चित की जा सकती है।

> *सौर PV मॉड्यूल रात में बिजली पैदा नहीं कर सकता।*

सौर PV मॉड्यूल द्वारा उत्पन्न की गई विद्युत की मात्रा उसके आकार के समानुपाती है। एक छोटा PV मॉड्यूल कम शक्ति (power) व बड़ा PV मॉड्यूल अधिक शक्ति (power) पैदा करता है। एक सौर PV मॉडयूल एक वॉट के एक हजारवें

भाग के बराबर भी ऊर्जा पैदा कर सकता है। इतनी कम शक्ति की जरूरत हमारी घड़ियों व केलकुलेटर में होती है।

सौर PV शक्ति का इन छोटे उपकरणों में पहले से ही उपयोग हो रहा है। सामान्यतः PV मॉडयूल 5 वॉट से 300 वॉट तक के लिए उपलब्ध हैं। इन मॉड्यूलों को जोड़कर एक अधिक शक्तिशाली मॉड्यूल बनाया जा सकता है। एक सौर PV मॉड्यूल 1000,000 वॉट या (one mega-watt) के बराबर शक्ति पैदा कर सकता है। इस तरह के अधिक शक्ति वाले मॉड्यूल को, 100 वॉट के 10,000 सौर PV मॉडयूल जोड़कर बनाया जा सकता है। यह मॉड्यूल 1 मेगा वॉट dc पॉवर पैदा कर सकता है। इतनी अधिक ऊर्जा शक्ति से कई छोटे-छोटे गाँव या एक छोटे शहर की ऊर्जा आवश्यकता को पूरा किया जा सकता है। इस प्रकार सौर PV तकनीक का उपयोग छोटे से छोटे व बड़े से बड़े पैमाने पर विद्युत वितरण करने के लिए किया जा सकता है।

सौर PV द्वारा बहुत छोटे पैमाने से लेकर बहुत बड़े पैमाने तक विद्युत शक्ति पैदा की जा सकती है।

3.2 तकनीक का संक्षिप्त इतिहास (Brief History of the Technology)

सन् 1839 में फ्रेंच वैज्ञानिक एडमंड बेक्चरल (Edmund Becquerel) ने फोटोवोल्टाइक प्रभाव की खोज की थी। इस प्रभाव के द्वारा प्रकाश ऊर्जा को विद्युत ऊर्जा में परिवर्तित किया जा सकता है। सूर्य प्रकाश फोटॉन्स से मिलकर बना होता है। ये फोटॉन्स ऊर्जा के छोटे-छोटे पैकेटस् होते हैं। फोटॉन्स सौर सेल के सम्पर्क में आते हैं, तब सौर सेल द्वारा अवशोषित कर लिए जाते हैं। इस प्रक्रिया से इलेक्ट्रॉन उत्पन्न होते हैं। जिसके फलस्वरूप वोल्टेज उत्पन्न होता है, सौर सेल से उत्पन्न विद्युत धारा (current) को संग्रहीत करने के लिए सौर सेल के अगले व पिछले हिस्से पर धातु कॉण्टेक्ट लगाए जाते हैं। सेल के पिछले हिस्से को मेटल कॉण्टेक्ट से पूरी तरह ढका जाता है, जब कि अगले हिस्से पर इन्हें मेटल लाइन्स के रूप में लगाया जाता है। इन मेटल लाइन्स की वजह से सूर्य प्रकाश आसानी से सौर सेल में प्रवेश कर जाता है। जब भी सूर्य प्रकाश किसी चिकनी सतह पर गिरता है, तो इसका बहुत बड़ा हिस्सा परावर्तित हो जाता है इसलिए सेल पर एन्टीरिफ्लेक्टिंग कोटिंग (ऐसी कोटिंग जिससे सूर्य प्रकाश परावर्तित न हो।) (चित्र 3.1) लगाया जाता है इस कोटिंग की वजह से सेल पर गिरने वाला प्रकाश अवशोषित हो जाता है। बाजार में उपलब्ध सिलिकॉन सौर सेल का नीला रंग एन्टीरिफ्लेक्टिव कोटिंग का ही होता है।

आज वैज्ञानिकों एवं देश के नीति (policy) निर्धारकों के लिए स्वच्छ ऊर्जा उत्पन्न करना महत्वपूर्ण है, परन्तु यह हमेशा से ही शोध का मुख्य विषय नहीं रहा है। 1970 में तेल संकट की मार झेलने के बाद नए ऊर्जा स्त्रोतों की खोज ने जोर पकड़ा, इसी समय जीवाश्म ईंधन स्त्रोतों की कीमतें भी नाटकीय रूप से बढ़ीं और ऊर्जा के लिए

विश्व में एक तरह की असुरक्षा की भावना ने जन्म लिया। इस तेल संकट की वजह से आम जनता में भी सीमित जीवाश्म ईंधनों की सीमितता को लेकर जागरूकता बढ़ी। परिणामस्वरूप सं. रा. अमेरिका, जापान एवं बहुत से यूरोपीय देशों में अक्षय ऊर्जा स्त्रोतों की खोज हेतु महत्वाकांक्षी कार्यक्रम शुरू किए गए।

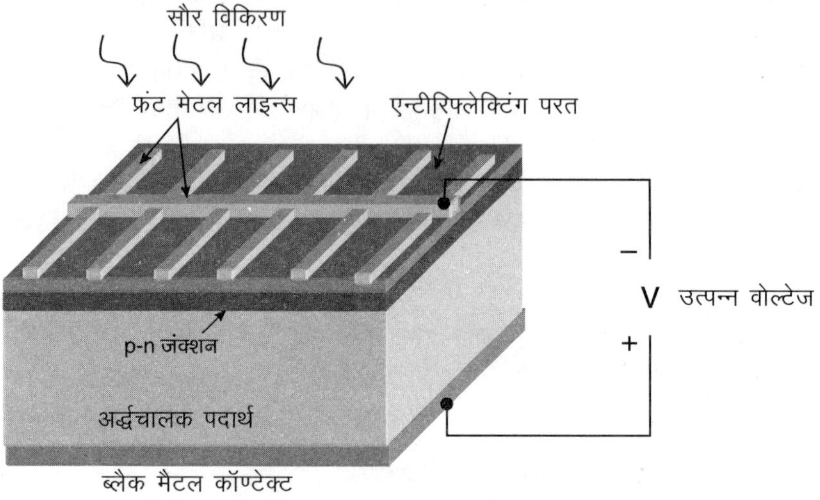

(p-n जंक्शन, अगला व पिछला मेटल काण्टेक्ट एवं एण्टीरिफ्लेक्टिव कोटिंग दर्शाता हुआ)

चित्र 3.1 सौर सेल की संरचना।

जीवाश्म ईंधन स्त्रोत सीमित तो हैं ही, साथ ही इनके उपयोग से पारिस्थितिक परिवर्तन भी होते हैं, जो हानिकारक हैं जैसे—ग्लोबल वार्मिंग। इन कारणों की वजह से भी अक्षय ऊर्जा स्त्रोतों पर अधिक जोर दिया जाने लगा। बहुत से देश पारम्परिक ऊर्जा स्त्रोतों पर निर्भरता कम करना चाहते थे, जिसके बहुत से कारण थे जैसे—तेल को आयात करना, ऊर्जा की अस्थायी कीमतें, प्रभावित वायु गुणवत्ता, व बहुत अधिक वित्तीय जोखिम।

पहला कार्यरत सिलिकॉन सेल 1950 में प्रदर्शित किया गया था। सौर सेल तकनीकों में विगत 15 वर्षों में बहुत महत्वपूर्ण सुधार हुए। क्योंकि इस दौरान मुख्यतः उपयोग होने वाले सिलिकॉन पर कार्य किया गया। सौर सेल तकनीकों के दो मुख्य बिन्दु हैं, इसकी कार्य दक्षता व उत्पादन की कीमत। विगत वर्षों में कार्यक्षमता में वृद्धि हुई है व उत्पादन की कीमतें घटी हैं। बाजार में 13 से 16 प्रतिशत कार्य दक्षता वाले सेल उपलब्ध हैं। सौर PV मॉड्यूल उत्पादन में कुछ अन्य तकनीकों का भी उपयोग किया जाता है। जिसे थिन-फिल्मस् तकनीक (thin film technology) कहा जाता है। जैसे थिन फिल्मस् एमॉर्फस सिलिकॉन, थिन-फिल्मस् कैडमियम टैल्यूराइड इत्यादि।

3.3 तकनीक के आधारभूत तथ्य (Basics of Technology)

सौर सेल अर्द्धचालक (semiconductor) पदार्थों के बने होते हैं, मुख्यतः सिलिकॉन। एक सौर सेल में दो अर्द्धचालकों के बीच जंक्शन होता है। एक सिलिकॉन सौर सेल

में p-type सिलिकॉन व n-type सिलिकॉन के बीच जंक्शन होता है। जब p-n जंक्शन पर प्रकाश गिरता है, तब इस पर वोल्टेज उत्पन्न होता है। सिलिकॉन p-n पर 0.5 से 0.6 वोल्ट तक वोल्टेज उत्पन्न होता है। इस वोल्टेज के उपयोग से सर्किट में करंट प्रवाहित होता है, जिससे किसी भी विद्युत उपकरण को चलाया जा सकता है।

एक सौर सेल में वोल्टेज तब तक ही उत्पन्न हो सकता है, जब तक कि उस पर सौर प्रकाश गिरता रहेगा। जैसे ही सौर सेल को प्रकाश मिलना बन्द होता है, वोल्टेज उत्पन्न होना बन्द हो जाता है (जैसे रात में)। अतः सौर प्रकाश में सौर सेल एक आवेशित बैटरी (charged battery) की तरह कार्य करती है।

> *जब सौर सेल पर सूर्य प्रकाश गिरता है, तब इसके दोनों सिरों के बीच वोल्टेज उत्पन्न होता है, व सेल एक आवेशित बैटरी की तरह कार्य करने लगता है।*

3.3.1 सौर सेल द्वारा उत्पन्न शक्ति की मात्रा (The Amount of Power Generated)

एक सौर सेल द्वारा पैदा की गई शक्ति की मात्रा उसकी कार्यदक्षता एवं सौर सैल के क्षेत्रफल पर निर्भर करती है।

- एक 15% कार्यदक्षता का सौर सेल उस पर गिरने वाले कुल सौर प्रकाश का 15% विद्युत में परिवर्तित कर देता है।
- जितना बड़ा सौर सेल का क्षेत्रफल होगा उतनी ही अधिक शक्ति प्राप्त होगी क्योंकि बड़े सौर सेल में सूर्य प्रकाश ज्यादा मात्रा में संग्रहीत होगा। (एक 10 cm $\times$ 10 cm के सौर सेल में 100 cm^2, 100 cm^2 = 0.01 m^2 क्षेत्रफल होगा)।

एक सौर सेल की अंकित शक्ति विशेष स्थिति में निर्धारित की जाती है, जब सौर विकिरण 1000 W/m^2 हो और वातावरण का तापमान 25°C हो, इस विश्व का स्टैण्डर्ड माना गया है। इस प्रकार 0.01 m^2 क्षेत्रफल व 15% कार्यदक्षता वाला सोलर सेल 1000 W/m^2 सोलर विकिरण पड़ने पर निम्नांकित शक्ति देगा।

शक्ति = 15/100% (कार्य दक्षता) $\times$ 0.01 m^2 (सेल क्षेत्रफल)
$\times$ 1000 W/m^2 (सोलर विकिरण)
= 1.5 W

> *अधिक क्षेत्रफल वाला सौर सेल ज्यादा शक्ति उत्पन्न करेगा। अधिक दक्षता का सौर सेल अधिक शक्ति उत्पन्न करेगा।*

3.3.2 एक मॉड्यूल की निर्धारित/अंकित व वास्तविक शक्ति (The Rated Power and Actual Power from a Module)

उपरोक्त उदाहरण में एक सौर सेल का 1.5 वॉट शक्ति आउटपुट उसकी अंकित शक्ति है। इसे विशेष परिस्थितियों में मापा गया है, 1000 W/m^2 पर और 25°C तापमान

पर सूर्य प्रकाश की उपस्थिति में एक PV मॉड्यूल की अंकित शक्ति, वह अधिकतम शक्ति है (peak power या Wp) जो उससे प्राप्त की जा सकती है। एक सौर सेल निर्माता उसकी अंकित शक्ति का अवश्य उल्लेख करता है व बाजार में PV पैनल पर अंकित शक्ति आउटपुट के आधार पर ही हम सौर मॉड्यूल खरीदते हैं।

वास्तव में सौर विकिरण की मात्रा पूरे दिन बदलती रहती है। सुबह के कुछ घण्टों में सौर विकिरण की मात्रा 100 W/m^2 जितनी कम हो सकती है। दोपहर के समय ये विकिरण 600 से 800 W/m^2 के बीच होते हैं। यह 1000 W/m^2 की आदर्श स्थिति से कम है। अतः सौर सेल अंकित शक्ति की अपेक्षा कम शक्ति पैदा करेगा, कारण है इस पर गिरने वाले कम प्रकाश की मात्रा।

एक PV मॉड्यूल कार्य करते समय सौर संयंत्र उच्च तापमान पर रहता है। इस वजह से भी उसका शक्ति आउटपुट कम हो जाता है। सामान्य परिस्थितियों में एक सौर सेल का तापमान लगभग 50°C रहता है। (आदर्श परिस्थितियों में 25°C तापमान का उल्लेख किया गया है)। इस प्रकार वास्तविक तापमान से कहीं अधिक तापमान होने से सौर सेल की कार्य दक्षता घट जाती है। कम हुई कार्य दक्षता का मतलब है कम शक्ति आउटपुट। इस प्रकार सौर PV मॉड्यूल का तापमान बढ़ने पर यह कम शक्ति उत्पादित करता है। एक सौर PV मॉड्यूल में तापमान परिवर्तन के अनुसार शक्ति आउटपुट परिवर्तन को चित्र 3.2 में बताया गया है। इस प्रकार एक PV मॉड्यूल में वास्तविक शक्ति आउटपुट, अंकित शक्ति आउटपुट से 20–40% कम होता है। यह मॉड्यूल के तापमान पर निर्भर करता है।

एक PV पैनल का वास्तविक शक्ति आउटपुट, निर्माता द्वारा दर्शाए गए अंकित शक्ति आउटपुट से 20–40% कम हाता है।

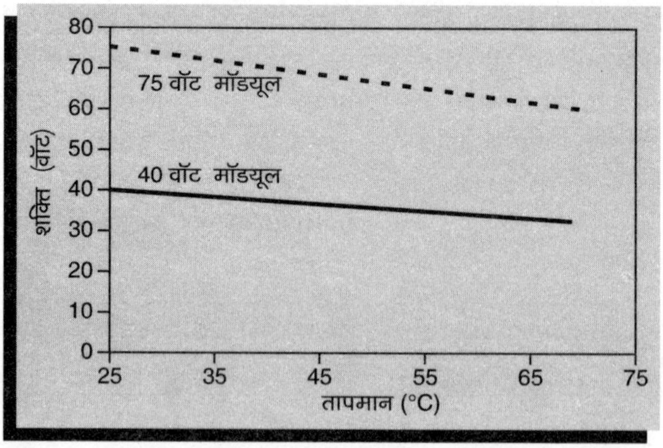

चित्र 3.2 40 W एवं 75 W (अंकित शक्ति) के सिलिकॉन PV मॉड्यूल में तापमान परिवर्तन के साथ शक्ति आउटपुट।

3.3.3 सौर PV द्वारा अधिक शक्ति उत्पादन (Generating More Power Using Solar PV)

सैक्शन 3.3.1 में हम विस्तृत रूप से चर्चा कर चुके हैं कि किसी सौर सेल का शक्ति उत्पादन उसके आकार पर निर्भर करता है। जितना बड़ा आकार सौर सेल का होगा, वह उतनी ही अधिक शक्ति पैदा करेगा। सौर सेल अकेला 0.1 से 3 वॉट शक्ति उत्पादित कर सकता है। सामान्यतः हमारी शक्ति की आवश्यकता बहुत अधिक होती है। अतः ज्यादा सौर सेलों को जोड़ कर अधिक शक्ति प्राप्त की जा सकती है (चित्र 3.3)। एक सौर PV मॉड्यूल बनाने के लिए 36 सौर सेल को एक सीरीज में जोड़ा जाता है, और उन्हे चारों तरफ से लैमिनेट (ढका) किया जाता है।

अधिक शक्ति उत्पादन हेतु बहुत से सौर सेलों को जोड़ कर एक सौर PV मॉड्यूल बनाया जाता है।

समस्त कार्यकारी परिस्थितियों में एक PV मॉड्यूल 12 वोल्ट से अधिक वोल्टेज दे इसके लिए 36 सौर सेलों को जोड़ा जाता है। इतने ही वोल्टेज में एक बैटरी को चार्ज (आवेशित) किया जा सकता है (एक सौर सेल लगभग 0.50 से 0.55 वोल्ट शक्ति आउटपुट देता है)। सौर PV मॉडयूल को बैटरी चार्ज करने हेतु डिजाइन किया गया है। यदि 18 सौर सेलों को शृंखला (series) में जोड़ा जाए तो, एक 6 वोल्ट की बैटरी चार्ज करने के लिए वोल्टेज प्राप्त किया जा सकता है। इस प्रकार कार्य व आवश्यकता के अनुसार, सौर PV मॉडयूल को चुना जा सकता है, जिससे कम से कम 6 वोल्ट या 12 वोल्ट आउटपुट प्राप्त हो। वास्तव में PV मॉड्यूल को उच्च वोल्टेज प्राप्त करने के लिए डिजाइन किया गया है। जैसे कि एक PV मॉड्यूल जो 12 वोल्ट बैटरी को चार्ज करने के लिए डिजाइन किया गया है, वह कम से कम 15 वोल्ट की क्षमता रखता है। ऐसा इसलिए है, क्योंकि 12 वोल्ट की बैटरी को चार्ज करने हेतु इसके टर्मिनल पर उच्च वोल्टेज की आवश्यकता होती है।

एक सौर पैनल से कम से कम 12 वोल्ट प्राप्त करने हेतु 36 सौर सेल जोड़े जाते हैं व 18 सौर सेल जोड़ने पर 6 वोल्ट आउटपुट प्राप्त होता है।

किसी सौर PV मॉड्यूल से उत्पन्न होने वाली विद्युत धारा उसके आकार के समानुपाती होती है (एक सिलिकॉन सौर सेल 25 से 30 mA/cm^2 विद्युत धारा उत्पन्न करता है)। अतः बड़े आकार का मॉड्यूल अधिक विद्युत धारा उत्पन्न करेगा। इसी प्रकार एक बड़े आकार के PV मॉडयूल का शक्ति आउटपुट अधिक होगा, छोटे PV मॉड्यूल की तुलना में। सामान्यतः एक वर्ग फीट का PV मॉड्यूल 10 से 12 वॉट की शक्ति आउटपुट देगा व एक 5 वर्ग फीट का PV मॉड्यूल 50 से 60 वॉट (अंकित या उच्चतम शक्ति) की शक्ति आउटपुट देगा। बाजार में विभिन्न आकार के सौर PV मॉड्यूल उपलब्ध है जैसे 3 W, 5 W, 20 W, 40 W, 60 W, 75 W, 120 W, बल्कि इनसे भी अधिक वॉट वाले मॉड्यूल बाजार में उपलब्ध हैं।

एक वर्ग फीट का सिलिकॉन सौर PV मॉड्यूल उच्चतम 10 से 12 वॉट की शक्ति आउटपुट देता है।

अधिकांशतः केवल एक सौर PV मॉड्यूल द्वारा उत्पन्न शक्ति काफी नहीं होती। अतः अधिक शक्ति प्राप्त करने के लिए अधिक PV मॉड्यूल को सीरीज व समानान्तर क्रम में जोड़ने की आवश्यकता है (चित्र 3.3)। PV मॉड्यूल का सीरीज क्रम (श्रेणी) उसका वोल्टेज बढ़ा देता है व सामानान्तर क्रम से उसकी विद्युतधारा बढ़ जाती है। जैसे कि किसी घर में 600 वॉट की आवश्यकता है, तो उसके लिए 60 वॉट वाले 10 PV मॉड्यूल जोड़ने पड़ेंगे। PV मॉड्यूल को जोड़कर संयंत्र को व्यवस्थित किया जा सकता है (चित्र 3.3 देखें)।

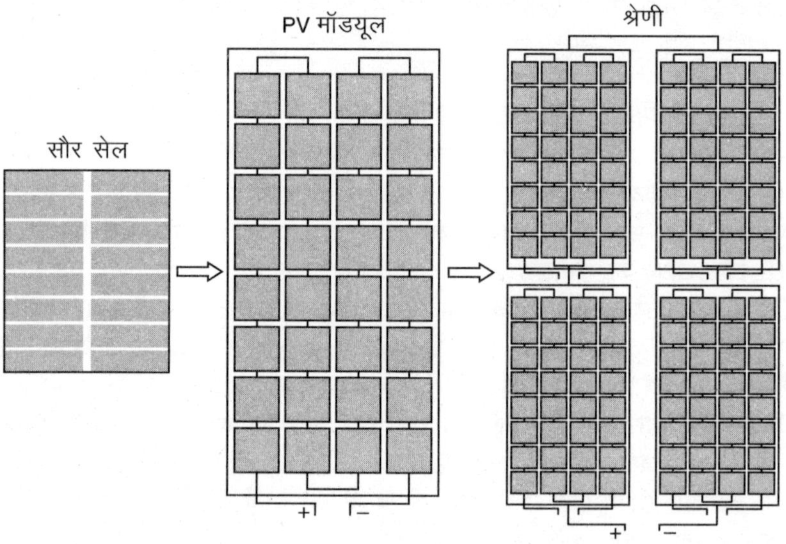

चित्र 3.3 अधिक शक्ति (वॉट) प्राप्त करने के लिए सौर सेल का इण्टरकनेक्शन (सौर PV) व सौर PV का इण्टरकनेक्शन।

3.3.4 सौर सेल की सुरक्षा (Protection of Solar Cells)

विद्युतीय रूप से जुड़े सेल हमें कार्यानुसार पॉवर आउटपुट दे सकते हैं। इन सेलों को ज्यादा चलाने के लिए इन्हें वातावरणीय (जहाँ इन्हें उपयोग किया जा रहा है) कारकों से बचाये रखने की आवश्यकता है। वातावरणीय नमी सेल के मेटल कॉण्टेक्ट को नष्ट कर सकती है और सेल के एन्टी रिफ्लेक्टिव कोटिंग को भी नुकसान पहुँचाती है। परिणामस्वरूप सेल का अपक्षय (degradation) होने लगता है और ये अच्छे परिणाम नहीं देते। इन विद्युतीय रूप से जुड़े सेलों को इन्केप्स्युलेण्ट की दो परतों से ढक कर सुरक्षित किया जा सकता है। यह इन्केप्स्युलेण्ट पारदर्शी होना चाहिए। सामान्यतः सिलिकॉन PV मॉड्यूल में इथेलीन विनाइल ऐसीटेट (EVA) का इन्केप्स्युलेण्ट के रूप

में उपयोग किया जाता है। मॉड्यूल में सामने के सिरे पर ग्लास (कांच) का उपयोग किया जाता है, क्योंकि इन्केप्सुलेण्ट से कठोरता नहीं आती है। सामान्यतः toughened low iron content glass का उपयोग किया जाता है। इस ग्लास में उच्च पारगम्यता (transmittivity) होती है। मॉड्यूल के पिछले हिस्से पर कठोर पॉलीमर का उपयोग किया जाता है। सामान्यतः टेडलर (Tedlar) पिछले हिस्से पर लगाया जाता है। इस प्रकार ग्लास की शीट (sheets) इनकेप्स्युलेण्ट, प्रवाहित विद्युत धारा से जोड़कर सेल व टेडलर को साथ में व्यवस्थित किया जाता है व उन्हें एक मशीन लेमिनेटर में रखा जाता है (चित्र 3.4 देखें)।

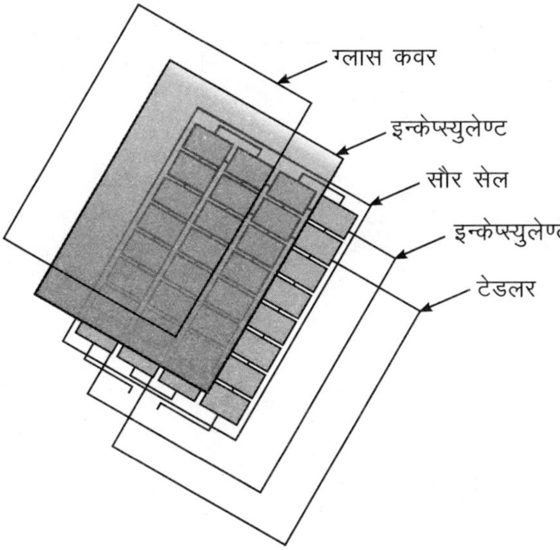

चित्र 3.4 इन्केप्स्युलेशन के उपयोग से सौर PV में सौर सेल की सुरक्षा।

3.4 सौर PV सिस्टम व इसके भाग (Solar PV System and Its Components)

सौर PV पैनल तब तक ही विद्युत उत्पन्न कर सकता है जब तक उसे सूर्य का प्रकाश मिलता रहे। परन्तु हमें बहुत से कार्यों के लिए रात में भी बिजली की आवश्यकता होती है। अतः इन सेलों में बिजली का संग्रह करने की आवश्यकता है, ताकि उसे रात्रि में भी उपयोग किया जा सके, या उन परिस्थितियों में जब सूर्य प्रकाश कम उपलब्ध हो, जैसे बारिश के दिनों में। बिजली को बैटरी में संग्रहीत किया जा सकता है। जैसे कि इनवर्टर या UPS में किया जाता है। रात्रि उपयोग के लिए बैटरी, सौर PV ऊर्जा का महत्वपूर्ण भाग है।

यदि हम सौर PV पैनल की बिजली का उपयोग कर रहे हैं तो ऊर्जा संग्रह करने के लिए बैटरी आवश्यक है। जिससे बिजली का रात में भी उपयोग किया जा सके।

सौर PV मॉड्यूल dc रूप में बिजली उत्पन्न करता है। परन्तु हमारे घरों के बहुत से उपकरण ac पॉवर से चलते हैं। अतः PV मॉड्यूल से उत्पन्न dc विद्युत शक्ति को ac शक्ति में बदलने की जरूरत है। इस प्रक्रिया को एक इनवर्टर से किया जा सकता है। इस प्रकार इनवर्टर का उपयोग भी PV ऊर्जा सिस्टम का महत्वपूर्ण भाग है। एक बैटरी को भी अधिक ओवरचार्जिंग (overcharging) या डिस्चार्जिंग (discharging) से बचाने की जरूरत होती है। क्योंकि दोनों प्रक्रियाओं से ही बैटरी कम चलती हैं। यह सुरक्षा आवेग नियंत्रक (charge controller) से की जा सकती है। सामान्यतः आवेश नियंत्रक, इनवर्टर के साथ ही होता है व इसे अलग से भी खरीदा जा सकता है। एक ऊर्जा संयंत्र को चित्र 3.5 में दर्शाया गया है।

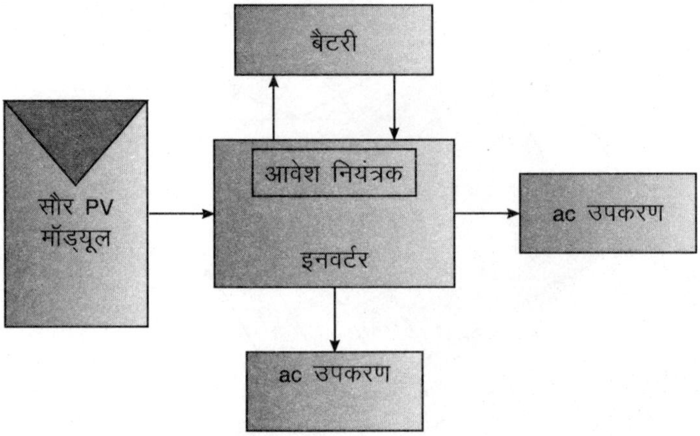

चित्र 3.5 सौर PV का चित्र।

3.4.1 सौर PV मॉड्यूल—आँकलन एवं मूल्य (Solar PV Module—Rating and Cost)

एक सौर PV मॉड्यूल का आँकलन उसके द्वारा उत्पन्न किए जाने वाले उच्चतम वॉटेज (watt-peak) से किया जाता है व इसे Wp से दर्शाया जाता है। उच्च वॉटेज उच्चतम (Wp) वह अधिकतम शक्ति आउटपुट है, जो एक सौर पैनल आदर्श टेस्ट परिस्थितियों (standard test condition) में देता है। वे परिस्थितियाँ सौर विकिरण व तापमान पर निर्भर करती हैं। एक सौर PV मॉड्यूल कभी भी अंकित शक्ति आउटपुट नहीं देता। इसका वास्तविक आउटपुट अंकित Wp शक्ति की तुलना में 20–40% कम होता है। बाजार में विभिन्न अंकित शक्ति वाले सौर PV मॉड्यूल उपलब्ध हैं जैसे—3 Wp, 5 Wp, 7 Wp, 12 Wp, 40 Wp, 75 Wp, 90 Wp, 120 Wp, 300 Wp।

एक सौर PV मॉड्यूल की वास्तविक शक्ति आउटपुट अंकित शक्ति आउटपुट से कम होती है।

शक्ति के आउटपुट के अलावा एक सौर PV मॉड्यूल का आँकलन विद्युतधारा आउटपुट व वोल्टेज के लिए भी किया जाता है। अधिकांश मॉड्यूल को इस तरह डिजाइन किया गया है कि वे उपयोग करने पर 15 वोल्ट आउटपुट दें जो कि एक 12 वोल्ट बैटरी का चार्ज करने के लिए काफी है। छोटे PV मॉड्यूल को 6 वोल्ट बैटरी चार्ज करने हेतु डिजाइन किया गया है कई PV मॉडयूल को सीरीज में जोड़कर उच्च वोल्टेज आउटपुट, जैसे 24 वोल्ट बैटरी चार्ज करने हेतु डिजाइन किया जाता है। कई PV मॉड्यूल को सीरीज में जोड़कर उच्च वोल्टेज आउटपुट जैसे 24 वोल्ट, 48 वोल्ट आदि प्राप्त किया जा सकता है। PV मॉड्यूल से उत्पन्न विद्युतधारा उसके आकार पर निर्भर करती है। जितना बड़ा PV मॉड्यूल होगा वह उतनी ही अधिक विद्युत उत्पन्न करेगा। एक 40 Wp मॉड्यूल लगभग 2.2 A विद्युत उत्पन्न करेगा। विभिन्न अंकित शक्ति वाले PV मॉड्यूल की कीमतें तालिका 3.1 में दी गई हैं।

तालिका 3.1 विभिन्न अंकित शक्ति वाले PV मॉड्यूल

क्र.सं.	*PV पैनल अंकित वॉट (उच्चतम), Wp*	*कीमत (रु.)*
1	10	2000
2	20	4000
3	40	8000
4	75	15000

टिप्पणी : हमें यह ज्ञात करने की कोशिश करनी चाहिए कि प्रति Wp एक PV मॉड्यूल की कीमत क्या होगी? यह ज्ञात होने पर किसी अंकित शक्ति वाले मॉड्यूल की कीमत का अंदाजा लगाना आसान होगा। वर्ष 2007–08 में प्रति Wp कीमत 200 से 220 रूपए/Wp थी।

वर्ष 2007–08 में PV मॉड्यूल की कीमतें 200 रूपए/Wp से 220 रूपए/Wp थी।

3.4.2 बैटरी का क्षमता आँकलन एवं मूल्य (Battery Rating and Cost)

एक बैटरी ऊर्जा को रासायनिक रूप में संग्रहित करती है, जिसे विद्युतीय रूप में बदला जा सकता है। बैटरी की क्षमता का आंकलन उसके वोल्टेज आउटपुट व विद्युतधारा संग्रहण क्षमता के आधार पर किया जाता है। रीचार्ज की जाने वाली बैटरियां 6 वोल्ट व 12 वोल्ट आउटपुट में उपलब्ध हैं। एक बैटरी द्वारा संग्रहीत की जाने वाली ऊर्जा की मात्रा से उसकी क्षमता का पता चलता है। अधिक ऊर्जा संग्रहीत करने के लिए बड़ी बैटरी की जरूरत होती है। इसकी विद्युतधारा दक्षता को एम्पीयर-घण्टा (Ah = Ampere-hour) से दर्शाते हैं, जो हमें ये जानकारी देता है कि 'कितनी मात्रा' में व 'कितने समय तक' एक पूरी तरह चार्ज बैटरी से विद्युतधारा प्राप्त की जा सकती है। एक 10 Ah बैटरी 10 A करंट एक घण्टे तक दे सकती है या 1 A करंट 10 घण्टे तक दे सकती है। जैसे-जैसे बैटरी का आकार बढ़ता है इसकी संग्रहण क्षमता भी बढ़ती है। एक छोटी 6 वोल्ट बैटरी की क्षमता 3 से 5 वोल्ट तक करंट संग्रहीत किया है।

अलग-अलग बैटरियों की अलग-अलग क्षमता है जैसे 15 Ah, 40 Ah, 50 Ah, 60 Ah, 75 Ah, 150 Ah, 220 Ah आदि।

तालिका 3.2 विभिन्न आंकलित क्षमता वाली बैटरियों की कीमत

क्र.सं.	*बैटरी अंकित एम्पीयर-घण्टे* (Ah)	*वोल्टेज अंकित* (Volts)	*कीमत* (रु.)
1	40	12	3300
2	60	12	3400
3	90	12	4650
4	110	12	5000
5	150	12	9500

3.4.3 इनवर्टर आँकलन एवं मूल्य (Inverter Rating and Cost)

हमारे घरों के उपकरण सामान्यतः ac विद्युतधारा से चलते हैं। इनवर्टर dc करंट को ac में परिवर्तित करते हैं। इनवर्टर को विशेषतः इनपुट वोल्टेज, आउटपुट वोल्टेज, आउटपुट वेवफार्म, पॉवर आदि में दर्शाया जाता है। एक इनवर्टर को मुख्यतः वोल्ट एम्पीयर (VA) से दर्शाया जाता है। उच्च शक्ति इनवर्टर का (kVA) में आँकलन किया जाता है। एक इनवर्टर को चुनते समय बहुत सावधानी की आवश्यकता है। Pure sine wave आउटपुट वाले इनवर्टर, close sine wave आउटपुट के इनवर्टर की तुलना में महँगे होते हैं। एक आदर्श sine wave आउटपुट वाला इनवर्टर न होने का मतलब है कार्य दक्षता में कमी। इनवर्टर की कीमतें व विशेष गुणों को तालिका 3.3(a) तथा 3.3(b) में बताया गया है।

कृपया तालिका 3.3(a) तथा 3.3(b) देखें।

तालिका 3.3(a) इनवर्टर के लाक्षणिक गुण

अंकित पॉवर	1000 VA–3000 VA	5 kVA–8 kVA	9 kVA–15 kVA
इनपुट वोल्टेज	12 V/24 V	24 V/36 V/48 V	36 V/48 V
आउटपुट वोल्टेज	220 V (ac) and 110 V (ac)	220 V (ac) and 110 V (ac)	220 V (ac) and 110 V (ac)
आउटपुट फ्रीक्वेंसी	50 Hz/60 Hz	50 Hz/60 Hz	50 Hz/60 Hz
आउटपुट वेवफार्म	Full sine wave	Full sine wave	Full sine wave

तालिका 3.3(b) इनवर्टर की कीमत

क्र.सं.	*सिस्टम* (kVA)	*कीमत* (रु.)
1	1	5000
2	2	7000
3	3	9000
4	4	12000
5	5	15000

3.4.4 अधिकतम शक्ति बिन्दु ट्रेकिंग (Maximum Power Point Traking—MPPT)

यह एक ऐसी विधि है जिसे सौर संयंत्र में उपयोग कर, पूरे दिन अधिकतम शक्ति प्राप्त की जा सकती है। इस युक्ति के उपयोग से 20 से 30% ज्यादा ऊर्जा उत्पन्न की जा सकती है। MPPT सौर संयंत्र और बैटरी के बीच इम्पिडेन्स (Impedance) मिलाने का कार्य करता है, जो कि अधिकतम शक्ति रूपान्तरण (transfer) के लिए भी जरूरी होता है।

अभी तक हमने सौर PV तकनीक के मूलभूत तत्वों का अध्ययन किया है। अब हम इस तकनीक के सभी संभव उपयोगों का अध्ययन करेंगे।

3.5 सौर PV लालटेन (Solar Photovoltaic Lantern)

यह सौर PV संयंत्र पर आधारित उपकरण का एक उदाहरण है, जिसे रात में उजाला करने के लिए उपयोग किया जाता है। इस लालटेन ने केरोसीन लालटेन का स्थान ले लिया है। एक सौर PV लालटेन में एक छोटा सौर PV पैनल, एक रिचार्जेबल बैटरी, एक आवेश नियंत्रक व एक CFL (compact fluorescent lamp) होते हैं। चित्र 3.6 में एक सौर PV लालटेन दर्शाया गया है।

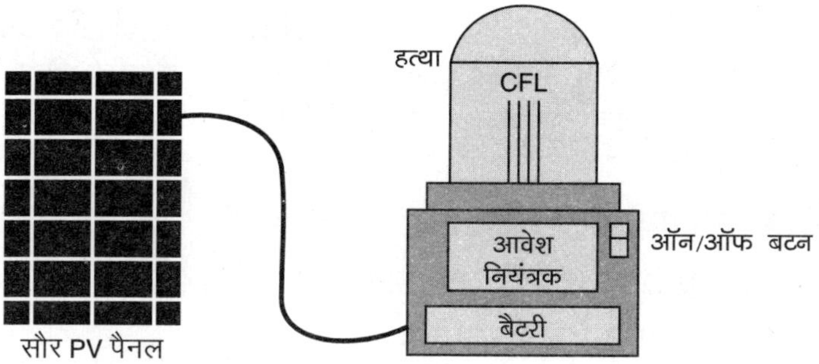

चित्र 3.6 सौर PV लालटेन।

3.5.1 डिजाइन एवं कीमत (Design and Costing)

सौर PV लालटेन में आवेश नियंत्रक को लगाने का उद्देश्य उसे अधिक आवेशित व निरावेशित होने से बचाना है। इसमें उपयोग की जाने वाली बैटरी में रख-रखाव की जरूरत नहीं होती है। अतः हमें आसवित जल (distill water) को बार-बार देखने की जरूरत नहीं है। इन बैटरियों को, 3 से 5 साल तक बदलने की जरूरत नहीं होती है। एक सौर पैनल के पूरे उपयोग (20 से 30 साल) के दौरान इसकी बैटरी खत्म होने पर लगभग 3 से 4 बार बदलना पड़ती है।

एक सौर पैनल प्रतिदिन 5 से 6 घण्टे तक उच्चतम विद्युत उत्पादन करता है, इस प्रकार सौर लालटेन को भी प्रतिदिन 5 से 6 घण्टे उपयोग हेतु डिजाइन किया गया है। (जब कि वास्तविक उत्पादन समय एक दिन की लम्बाई के बराबर है)। मुख्यतः सौर

लालटेन को एक दिन में 5 से 6 घण्टे उपयोग हेतु डिजाइन किया गया है। अतः स्पष्ट है कि एक PV पैनल का आकार CFL लेम्प की वॉट क्षमता के बराबर होना चाहिए। इस प्रकार एक सौर PV लालटेन जो 3 Wp PV मॉड्यूल उपयोग करता है वह 3 W, CFL के बराबर है तथा 7 Wp सौर PV माड्यूल वाला लालटेन 7 Wp CFL लैम्प उपयोग करने जैसा है। इस तरह एक सौर PV पैनल द्वारा उत्पादित वॉट-घण्टा, एक CFL लैम्प के वॉट-घण्टे के बराबर है। एक सौर PV सिस्टम डिजाइन करते समय इस तथ्य को ध्यान में रखना जरूरी है। परन्तु वास्तव में बैटरी एवं इलेक्ट्रॉनिक में होने वाले क्षय की वजह से, PV पैनल का वॉटेज CFL से अधिक रखा गया है।

एक सौर PV लालटेन में सौर PV पैनल की अंकित शक्ति, CFL प्रकाश की अंकित शक्ति के लगभग बराबर होती है।

एक 7 वॉट CFL लाइट को प्रतिदिन 6 घण्टे चलाने हेतु ऊर्जा की आवश्यकता है—
$7 \times 6 = 42$ Watt-hours/day। सौर PV लालटेन में उपयोग होने वाली बैटरियाँ 6 वोल्ट की होती हैं। अतः बैटरी की क्षमता होगी (Watt = Volt × Amp):

$$= \frac{42}{6} \frac{\text{Volt} \times \text{Amp} \times \text{hour/day}}{\text{Volt}} = 7 \text{ Amp} - \text{hour/day}$$

$$= 7\text{Ah/day}$$

अतः सौर लालटेन के दैनिक उपयोग के लिए बैटरी 7 Ah की होनी चाहिए। एक सौर PV लालटेन की कीमत लगभग 2500 से 5000 रू. के बीच होती है। जिनमें 3 Wp और 10 Wp मॉड्यूल का क्रमशः उपयोग होता है।

3.6 स्टैण्ड अलोन PV सिस्टमः घरों में प्रकाश करने व अन्य उपयोग हेतु (Stand-Alone PV System: Home Lighting and Other Usage)

एक स्टैण्ड अलोन सिस्टम घर की सभी ऊर्जा आवश्यकताओं को पूर्ण करता है। इसे इसी हेतु डिजाइन किया गया है व इसका ग्रिड से कोई संबंध नहीं होता। हालांकि एक ऐसा सौर PV सिस्टम डिजाइन करना संभव है जो कि आंशिक ऊर्जा आवश्यकताओं को पूर्ण कर सके, (सौर PV मॉड्यूल के उपयोग से व ग्रिड की मदद से)।

एक सौर PV सिस्टम को घरों की प्रकाश आवश्यकता पूर्ण करने के लिए डिजाइन किया जा सकता है। इस तरह एक सौर PV लालटेन का अधिक उत्कृष्ट व बड़ा रूप सामने आएगा। यही नहीं सौर PV सिस्टम के अन्य डिजाइनों द्वारा घरों की अन्य आवश्यकताओं हेतु शक्ति प्राप्त की जा सकती है, जैसे पंखे, दूरदर्शन, फ्रिज आदि के लिए। सेक्शन 3 के आरंभ में ही एक स्टैण्ड अलोन PV सिस्टम का चित्र दिया गया है (देखें चित्र 2.5)। एक PV सिस्टम के मुख्यतः निम्न भाग होते हैं—इनवर्टर, बैटरी, आवेश नियंत्रक और dc और ac लोड। अगले अध्याय में हम चर्चा करेंगे कि किस तरह

एक सौर PV सिस्टम किसी उपयोग हेतु डिजाइन किया जा सकता है व कैसे इसकी कीमत का आँकलन किया जा सकता है।

3.6.1 सौर PV सिस्टम डिजाइनिंग (Solar PV System Designing)

आगे एक PV सिस्टम डिज़ाइन के बारे में चर्चा की गई है। इसमें यह बताया गया है, कि लोड (load) का आँकलन किस तरह करना है, बैटरियों की संख्या कैसे निकालनी है, व सौर पैनल की आवश्यकता निकालना जो कि लोड हेतु लगेंगे। हम घरों में प्रकाश व हवा प्राप्त करने के लिए जो उपकरण उपयोग करते हैं उनकी अंकित शक्ति तालिका 3.4 में दी गई है।

तालिका 3.4 सामान्य उपकरणों की शक्ति क्षमता

अवयव (Component)	*अंकित शक्ति (Power Rating)*
CFL (watts)	8–18
पंखा (watts)	60
ट्यूब + Cu चोक (watts)	55
ट्यूब + विद्युत चोक (watts)	47

एक PV सिस्टम डिजाइन करने हेतु निम्नांकित अनुमान करना आवश्यक है।

अनुमान (Assumptions)

इनवर्टर dc को ac शक्ति में लगभग 90% तक दक्षतापूर्ण परिवर्तित करता है। बैटरी का दक्षतपूर्ण आवेश एवं निरावेश चक्र लगभग 90% है। यह विदित है कि एक बैटरी के पूरे आवेश (charge) का उपयोग नहीं किया जा सकता। यह भी आवश्यक है कि बैटरी अधिकतम निरावेश हो। यह मात्रा भिन्न-भिन्न हो सकती है। यहाँ हम मान रहे हैं कि बैटरी को 80% तक निरावेश कर सकते हैं। यानि बैटरी की कुल क्षमता का केवल 80% उपयोगी है।

एक बैटरी व इनवर्टर की सामूहिक दक्षता निम्न तरह से निकालेंगे :

सामूहिक दक्षता = इनवर्टर की दक्षता × बैटरी की दक्षता

$$= 0.8 \times 0.9 = 0.72 = 72\%$$

कार्यों हेतु उपयोगी बैटरी वोल्टेज

= 12 वोल्ट

बैटरी की क्षमता = 120 Ah

एक दिन में उपलब्ध सूर्य का प्रकाश

= 8 घण्टे/दिन (उच्चतम विकिरणों के बराबर)

प्रकाश एवं पंखों का कार्य

= 6 घण्टे/दिन (PV पैनल से)

PV पैनल की अंकित शक्ति

= 40 Wp

(अन्य क्षमतावान मॉड्यूल का उपयोग किया जा सकता है)

कार्यकारी स्थिति में PV मॉड्यूल की वास्तविक शक्ति आउटपुट कम होती है। अतः इसे "ऑपरेटिंग फैक्टर" कहा जाता है व इसी से PV मॉड्यूल की वास्तविक शक्ति आउटपुट निकाली जाती है। ऑपरेटिंग फैक्टर 0.60 व 0.90 के बीच हो सकता है, सामान्य कार्यकारी परिस्थितियों में। यह तापमान व मॉड्यूल पर जमे धूल कण आदि पर भी निर्भर करता है।

अतः एक 40 Wp PV पैनल की वास्तविक शक्ति आउटपुट

$= 0.75$ (ऑपरेटिंग फैक्टर) $\times 40 = 30$ वॉट

याद रखें Wp, मतलब, वॉट (उच्चतम), यह PV पैनल का केवल उच्चतम शक्ति आउटपुट ही देता है।

3.6.2 केस स्टडी (Case Study)

इस केस स्टडी के लिए माना गया है कि दो CFL (18 वॉट प्रत्येक) व दो पंखे (60 वॉट प्रत्येक) 6 घण्टे प्रतिदिन चलते रहते हैं, जो दो कमरों को प्रकाश देने व दो पंखे जो ड्राइंगरूम को हवा देने हेतु पर्याप्त है। एक PV सिस्टम डिजाइन करने हेतु कुछ अन्य सूचनाएं आवश्यक हैं, जैसे कुल लोड क्या है? उपकरणों को कितने घण्टे चलाया जाना है? उपयोग हेतु कौन सा PV मॉड्यूल व बैटरी उपलब्ध है? कुल कीमत क्या होगी? व कितनी मात्रा में सौर विकिरण उपलब्ध हैं।

एक सौर PV सिस्टम को चार पदों में डिजाइन किया जा सकता है :

1. लोड आँकलन,
2. PV पैनलों की संख्या का आँकलन,
3. बैटरी बैंक का आँकलन,
4. सिस्टम की कीमत का आँकलन।

एक सौर PV सिस्टम डिजाइन को निम्नांकित चरणों में प्रस्तुत किया गया है।

प्रथम चरण : एक सिस्टम की कुल ऊर्जा आवश्यकता निकालें (कुल लोड) (तालिका 1.2 का उपयोग कर सकते हैं)

PV पैनल सिस्टम का कुल लोड

= उपकरण की संख्या

× उपकरण की क्षमता (सभी उपकरणों के लिए)

$= 2 \times 18 + 2 \times 60 = 156$ वॉट

कुल वॉट-घण्टे क्षमता

= कुल कनेक्टेड लोड (वॉट) × कार्यकारी घण्टे

$= 156 \times 6 = 936$ वॉट-घण्टे

द्वितीय चरण : आवश्यक PV पैनलों की संख्या निकालें

एक PV पैनल की वास्तविक शक्ति आउटपुट

= उच्चतम अंकित शक्ति × आपरेटिंग फैक्टर

$= 40 \times 0.75 = 30$ वॉट

अंत में उपयोग की गई शक्ति कम है (चूँकि सिस्टम की सामूहिक दक्षता का मान कम है)।

एक पैनल की वास्तविक शक्ति आउटपुट × सामूहिक दक्षता

$= 30 \times 0.81$ वॉट

$= 24.3$ वॉट (VA)

एक दिन में 40 Wp पैनल द्वारा उत्पादित ऊर्जा—

= वास्तविक शक्ति आउटपुट

× 8 घण्टे/दिन (उच्चतम के बराबर)

$= 24.3 \times 8 = 194.4$ वॉट-घण्टा

टिप्पणी : एक दिन की लम्बाई अधिक भी हो सकती है, अतः हमने प्रकाशित होने वाले उच्चतम विकिरण (1000 W/m^2) के बराबर घण्टे लिए हैं क्योंकि सौर सेल की क्षमता इसी विकिरण के लिए दी जाती है। एकदम सही मान निकालने के लिए किसी क्षेत्र विशेष का पर्यावरणीय आँकड़े देखना आवश्यक है।

अनुमानित दैनिक लोड पूरा करने हेतु आवश्यक सौर पैनलों की संख्या (प्रथम चरण से)—

$$= \frac{\text{कुल वॉट – अंकित घण्टा (दैनिक लोड)}}{\text{एक पैनल द्वारा उत्पादित की गई दैनिक ऊर्जा}}$$

$$= \frac{936}{194.4} = 4.81 \approx 5 \text{ (round figure)}$$

टिप्पणी : 12 से अधिक वोल्टेज (माना 24 V) वाले सिस्टम के लिए $24/12 = 2$, दो मॉड्यूल एक श्रेणी में होने चाहिए जो 24 वोल्ट प्रदान करेंगे (जबकि कुल मॉड्यूल की संख्या समान होनी चाहिए)।

तृतीय चरण : बैटरी की आवश्यकता निकालें।

कुल आवश्यक amp-घण्टा (संग्रहीत किया जाने वाला कुल आवेश) (चूंकि सिस्टम की सामूहिक दक्षता कम होती है, अतः वास्तविक उपयोगी ऊर्जा की तुलना में बैटरी का आकार बड़ा होना चाहिए।)

$$\text{बैटरी की क्षमता} = \frac{\text{कुल वॉट – अंकित घण्टे}}{\text{(इनवर्टर दक्षता} \times \text{निरावेशन की मात्रा} \times \text{बैटरी वोल्टेज)}}$$

$$= \frac{936}{0.90 \times 0.80 \times 12}$$

$$= \frac{936}{0.72 \times 12} = 108.33 \text{ Ah}$$

टिप्पणी : 24 या 48 वोल्ट वाला सिस्टम भी डिजाइन किया जा सकता है। चूँकि PV पैनल व बैटरी को विशेषतः 12 वोल्ट के परिणाम के लिए डिजाइन किया गया है, अतः श्रेणी या सामान्तर क्रम में मॉड्यूल लगा कर उच्च वोल्टेज वाला PV सिस्टम प्राप्त कर सकते हैं।

$$\text{आवश्यक बैटरियों की संख्या} = \frac{\text{कुल एम्पीयर-घण्टा अंकित}}{\text{उपयोग में बैटरी अंकित}}$$

$$= \frac{108.33}{120} = 0.9 \approx 1 \text{ (round figure)}$$

चतुर्थ चरण : इनवर्टर का आकार ज्ञात करें।

इनवर्टर क्षमता (वॉट या VA)

PV पेनल सिस्टम का कुल लोड = 156 Watts

= 156 VA

100, 200, 500 VA अंकित वाले इनवर्टर उपलब्ध हैं।

अतः हमें 200 VA वाला इनवर्टर चुनना चाहिए।

इस प्रकार कुल लोड एवं विभिन्न सौर PV सिस्टम अवयव की आवश्यक संख्या व आकार का आँकलन किया जा सकता है। यहाँ छोटे आकार के घर के लिए उदाहरण लिए गए हैं। बड़े घर या औद्योगिक उपयोग हेतु सौर PV सिस्टम भी इसी तरह डिजाइन किया जा सकता है।

3.6.3 PV संयंत्र की कीमत का आँकलन (Cost Estimation of a PV System)

यहाँ दो CFL व 2 पंखे, 6 घण्टे प्रतिदिन के लिए सौर PV सिस्टम की कीमत का आँकलन किया गया है। ऊपर की गई केस स्टडी से हमने आवश्यक संख्या, विभिन्न अवयवों की क्षमता (जैसे—पैनल, बैटरी, इनवर्टर आदि) ज्ञात कर ली है। अब कीमत का आँकलन करना आसान प्रक्रिया है। हमें सारे अवयवों की कीमत का योग निकालना है। परन्तु कुछ अतिरिक्त मान जोड़ना होगा, वायरिंग, इन्फ्रास्ट्रक्चर (पैनल, बैटरी हेतु) आदि की कीमत के लिए।

(a) मॉड्यूलों की कीमत = PV माड्यूल की संख्या × (कीमत प्रति माड्यूल)

= 5 × 8000 (एक 40 Wp पैनल हेतु @ रू. 200/Wp)

= रू. 40,000

(b) बैटरियों की कीमत = बैटरियों की संख्या × कीमत/बैटरी

= 1 × 7500

= 7500 रूपए

(c) इनवर्टरों की कीमत $=$ इनवर्टरों की संख्या $\times$ कीमत/इनवर्टर

$= 1 \times 5000$

$= 5000$ रू.

सिस्टम की कुल कीमत $= A + B + C$

$= 40000 + 7500 + 5000$

$= 52500$ रू.

सिस्टम की कुल कीमत का 5% वायरिंग की कीमत के रूप में जोड़ा जा सकता है। उपरोक्त प्रक्रियाओं द्वारा घरेलू या औद्योगिक बड़े या छोटे हर तरह के सौर PV सिस्टम को डिजाइन किया जा सकता है। यह ध्यान रखें कि ऊपर दर्शाई प्रक्रिया व अनुमान आसानी से समझने हेतु लिए गए हैं, जो कि गणना हेतु उपयुक्त हैं।

3.7 सौर PV वॉटर पम्पिंग सिस्टम (Solar PV Water Pumping System)

सौर PV मॉड्यूल का वॉटर पम्पिंग के लिए उपयोग एक बहुत ही आकर्षक प्रस्ताव है, क्योंकि इसके बहुत से फायदे हैं। सामान्यतः एक सौर वॉटर पम्पिंग सिस्टम में PV मॉड्यूल, मोटर, पम्प व स्टोरेज टैंक होता है। चित्र 3.7 में सौर PV वॉटर पम्पिंग सिस्टम को दिखाया गया है। इसमें स्टोरेज टैंक एक ऊर्जा संग्राहक माध्यम हो सकता है। अतः वॉटर पम्पिंग में किसी बैटरी की आवश्यकता नहीं है। साथ ही इनवर्टर के उपयोग से बचने के लिए एक सौर PV पैनल से एक dc मोटर सीधी जोड़ी जा सकती है। साथ ही एक ac मोटर को भी एक इनवर्टर के साथ उपयोग किया जा सकता है, जो कि PV मॉड्यूल की dc शक्ति को ac में परिवर्तित करता है। इसके अतिरिक्त एक PV वॉटर पम्पिंग सिस्टम में शक्तिशाली पॉइंट ट्रैकिंग डिवाइस लगाया जा सकता है, जिससे पूरे दिन PV मॉड्यूल से अधिक से अधिक विद्युत शक्ति प्राप्त की जा सके। (चित्र 3.7 देखें)।

> *वॉटर पम्पिंग के लिए सौर PV मॉड्यूल का उपयोग एक आकर्षक प्रस्ताव है, क्योंकि इसे बिना बैटरी व इनवर्टर के उपयोग कर सकते हैं।*

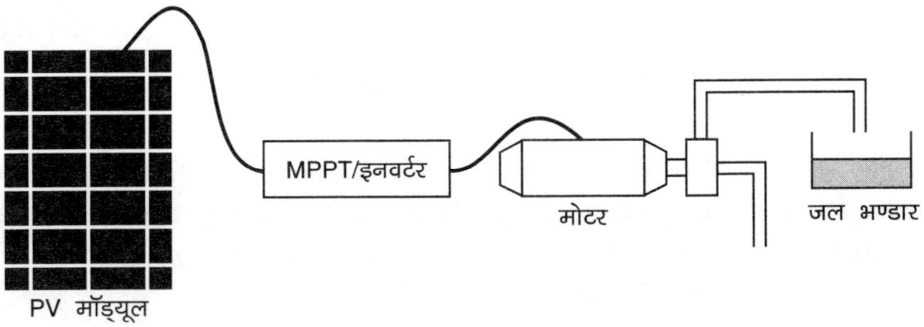

चित्र 3.7 सौर PV वॉटर पम्पिंग संयंत्र।

घरों में प्रकाश करने वाले संयंत्रों की तरह, एक PV सिस्टम को कम आवश्यक जैसे वॉटर पम्पिंग (पीने के पानी हेतु) से लेकर बड़ी आवश्यकता (सिंचाई हेतु पम्पिंग तक) के लिए डिजाइन किया जा सकता है।

3.7.1 सौर PV पम्पिंग सिस्टम का डिजाइन (Design of Solar PV Pumping System)

इस डिजाइन के लिए यह ज्ञात करना आवश्यक है, कि कितने पानी को पम्प करने की जरूरत है, कितनी गहराई पर पानी पम्प करना है, पानी की आवश्यकतानुसार कितने सौर पैनल लगेंगे व सौर पैनल में कितनी शक्ति की मोटर का उपयोग होगा इत्यादि। सिस्टम के पूरे डिजाइन को निम्नांकित चरणों में विभाजित किया जा सकता है।

प्रथम चरण: प्रतिदिन पानी की आवश्यक मात्रा निश्चित करें।

द्वितीय चरण: वॉटर पम्पिंग के लिए टोटल डायनेमिक हेड (TDH) निश्चित करें।

तृतीय चरण: प्रति दिन आवश्यक जलीय ऊर्जा निश्चित करें (watt-hour/day)

चतुर्थ चरण: क्षेत्र विशेष पर उपलब्ध सौर विकिरण निश्चित करें (उच्चतम सौर विकिरण (1000 W/m^2) के बराबर), जिसका मान सौर PV मॉड्यूल में निश्चित किया गया है। यह मान 5 से 8 घंटे तक है जो मौसम के अनुसार व क्षेत्र अनुसार बदल सकती है।

पंचम चरण: सौर PV श्रेणी (array) एवं मोटर का आकार निश्चित करें, मोटर की दक्षता एवं अन्य हानियों को ध्यान में रखें।

इस जानकारी के बाद PV पम्पिंग से संबंधित कुछ प्रमुख परिभाषाओं पर प्रकाश डालते हैं।

कुल पानी की आवश्यकता (लीटर/दिन या मी.^{3}/दिन) [Total Water Requirement (litre/day or m^3/day)]: किसी संयंत्र का आकार व कीमत इस बात पर निर्भर करती है कि प्रतिदिन पानी की आवश्यकता कितनी है। प्रति दिन आवश्यक पानी की मात्रा के अनुसार ही सौर पम्पिंग सिस्टम को डिजाइन किया जाता है। (यहाँ 24 घण्टे तक पानी की जरूरतों के योग को प्रतिदिन जल की आवश्यकता की मात्रा कहा जा रहा है)। सिस्टम हर परिस्थिति में साथ दे इसके लिए ऐसा सिस्टम डिजाइन किया जाता है जो बहुत अधिक पानी की आवश्यकता के दौरान भी साथ दे (जैसे गर्मियों के दौरान हमें सबसे अधिक पानी की जरूरत होती है। यदि पानी की आवश्यक दैनिक मात्रा बदलती रहती है तो औसत साप्ताहिक या औसत मासिक मात्रा गणनाओं हेतु ली जा सकती है।

संयंत्र का गतिशील शीर्ष भाग (Total Dynamic Head—TDH) (मीटर): यह डिजाइन हेतु एक महत्त्वपूर्ण पैमाना है, TDH को मीटर में दर्शाया जाता है। यह, उस प्रभावी दबाव को बताता है, जिस पर पम्प को कार्य करना चाहिए। पहले इसमें दो पैमाने शामिल थे, ऊर्ध्वगामी प्रक्रिया व घर्षण से हानियाँ।

ऊर्ध्वगामी प्रक्रिया (Total Vertical Lift): टोटल वर्टिकल लिफ्ट (ऊर्ध्वगामी प्रक्रिया), एलीवेशन (जलस्तर को ऊपर उठाना), स्टेण्डिंग वॉटर लेवल (स्थिर जल) एवं ड्राडाउन का योग होता है (चित्र 3.8 देखें)। एलीवेशन, जमीन की सतह से उस ऊँचाई के बीच का अन्तर होता है, जिस ऊँचाई पर पानी डिस्चार्ज (बाहर निकाला जाता है) होता है। स्टेण्डिंग जलस्तर, जमीन की सतह व कुएँ के पानी के स्तर के बीच ऊँचाई का अन्तर होता है (जब कि कुआँ पूरी तरह भरा हो) व ड्राडाउन जल की ऊँचाई पम्पिंग होने के बाद, स्थिर पानी की ऊँचाई को कहते हैं।

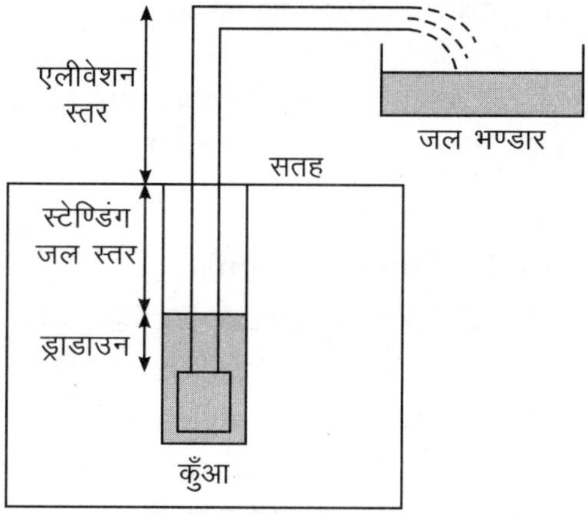

चित्र 3.8 एक विशेष PV वॉटर पम्पिंग संयंत्र।

घर्षण हानियाँ (Equivalent metre): सामान्यतः वॉटर पम्प से निकला जल, जल निकास तक पाइपों द्वारा पहुँचाया जाता है, इस दौरान काफी घर्षण होता है। अतः घर्षण हानि वह दाब की मात्रा है जो इस घर्षण को हटाने में लगती है। यह equivalent metre में दर्शायी जाती है। इसे टोटल वर्टिकल लिफ्ट में जोड़कर, TDH की गणना की जाती है। घर्षण से हानि बहुत से कारकों पर निर्भर करती है। जैसे पाइप का आकार, जल प्रवाह, उपयुक्त जोड़ों (fittings) के प्रकार, बैण्डों की संख्या आदि। अतः घर्षण हानि की गणना के लिए टेबल का उपयोग किया जाता है। परन्तु यदि जल निकास या जल भण्डार कुएँ के पास हो तो इसका एक अनुमानतः मान निकाल लिया जाता है। यदि कुएँ से दस मीटर के अन्दर जल भण्डार हो तो टोटल वर्टिकल लिफ्ट का 5% घर्षण हानि निकाली जाती है। उपरोक्त तथ्य गणनाओं में उपयोगी होंगे।

3.7.2 केस स्टडी (Case Study)

यहाँ ऐसा PV सिस्टम का डिजाइन लिया गया है, जो कि 10 मीटर गहराई से प्रतिदिन 25,000 लीटर पानी की पम्पिंग करता है।

विभिन्न गणनाओं के लिए आवश्यक आँकड़े दिए गए हैं, तथा नीचे गणना के चरण बताए गए हैं :

1. दैनिक पम्प किए जाने वाले पानी की मात्रा = 25,000 लीटर = 25 m^3

2. टोटल वर्टिकल लिफ्ट = 12 metres (5 m—एलीवेशन, 5 m—स्टेण्डिंग वॉटर लेवल, 2 m—ड्रॉ डाउन)
3. पानी का घनत्व = 1000 kg/m^3
4. गुरुत्व के कारण तीव्र गति (acceleration) g = 9.8 m/s^2
5. उपयोग किया गया सौर PV मॉड्यूल = 75 Wp
6. संचालित तथ्य (operating factor) = 0.75 (PV पैनल अधिकांशतः, अंकित अधिकतम शक्ति के मान पर कार्य नहीं करते)
7. पम्प की कार्य दक्षता = 30% या 0.30 (0.25 से 0.40 के बीच हो सकती है)
8. असमान तथ्य (mismatch factor) = 0.85 (PV पैनल अधिकांशतः अंकित अधिकतम शक्ति बिन्दु पर कार्य नहीं करते)।

PV वॉटर पम्पिंग सिस्टम की गणनाएँ (Calculations for PV Pumping System)

प्रथम चरण: पानी की दैनिक आवश्यकता निर्धारित करें।
पानी की दैनिक आवश्यकता = 25 m^3/दिन

द्वितीय चरण: गतिशील ऊर्ध्वशीर्ष (total dynamic head) निर्धारित करें
टोटल वर्टिकल लिफ्ट (total vertical lift) = 12 m
घर्षण हानियाँ = टोटल वर्टिकल लिफ्ट का 5% = 12 × 0.05
= 0.6 m
गतिशील ऊर्ध्वशीर्ष (TDH) = 12 + 0.6 =12.6 m

तृतीय चरण: प्रतिदिन जलीय ऊर्जा की आवश्यकता निर्धारित करें।
पानी का स्तर बढ़ाने हेतु आवश्यक जलीय ऊर्जा
= mass × g × TDH
= density × volume × g × TDH
= (1000 kg/m^3) × (25 m^3/day) × (9.8 m/s^2) × 12.6
(सेकण्ड को घण्टे में परिवर्तित करने हेतु 1/3600 से गुणा करें)
= 857.5 Watt-hour/day

टिप्पणी : पम्पिंग के कारण पानी की स्थैतिज ऊर्जा (potential energy) बढ़ जाती है, जो पम्प तक पहुँचनी चाहिए।

चतुर्थ चरण: सौर विकिरण आँकड़े निर्धारित करें।

उच्चतम उपलब्ध सौर विकिरणों (1000 W/m^2) के रूप में निर्धारित करें जो कि, 5 से 8 घंटों के बीच परिवर्तित होता रहता है। एक निश्चित मान (घण्टों की संख्या) निकालने के लिए वातावरणीय (meteorological) डाटा का उपयोग करना चाहिए।

= 6 घण्टे/दिन (उच्चतम 1000 W/m^2 के बराबर),

वास्तविक दिन की लम्बाई अधिक होती है। (यह 180000 वॉट-घण्टा/महीना, किसी क्षेत्र विशेष पर, के बराबर होता है।)

पंचम चरण: PV पैनल की संख्या व पम्प का आकार निर्धारित करें।

PV पैनल का कुल वॉटेज

$$= \frac{\text{कुल जलीय ऊर्जा}}{\text{अधिकतम सूर्य प्रकाश के घण्टे/दिन}}$$

$$= \frac{875.5}{6} = 142.9 \text{ वॉट}$$

सिस्टम की हानियाँ

$$= \frac{\text{कुल PV पैनल वॉटेज}}{\text{पम्प की दक्षता} \times \text{असमान तथ्य}}$$

$$= \frac{142.9}{0.3 \times 0.85} = 560 \text{ वॉट}$$

PV पैनल का संचालित घटक (operating factor)

$$= \frac{\text{हानियों के बाद कुल PV पैनल वॉटेज}}{\text{संचालित घटक}}$$

$$= \frac{560}{0.75} = 743.3 \text{ वॉट}$$

आवश्यक सौर PV पैनल की संख्या (प्रत्येक 75 Wp)

$$= \frac{747.3}{75}$$

$$= 9.96 \approx 10 \text{ (Round figure)}$$

मोटर की अंकित शक्ति

$$= \frac{747.3}{746} \approx 1 \text{ हॉर्स पॉवर मोटर}$$

इस प्रकार, एक सौर PV वॉटर पम्पिंग सिस्टम का डिजाइन तैयार किया जा सकता है। उपरोक्त डिजाइन में एक dc मोटर का उपयोग किया गया है। एक ac मोटर वाला सिस्टम भी डिजाइन किया जा सकता है। परन्तु गणनाओं के दौरान इनवर्टर व इसकी दक्षता को ध्यान में रखना आवश्यक है। साथ ही सौर PV सिंचाई संयंत्र की कीमत का आँकलन किया जा सकता है (इसके अलग-अलग अवयवों की कीमतों का योग करके)।

अभ्यास प्रश्न (Exercises)

1. सौर PV मॉड्यूल बनाते समय कौन सी विशेष परिस्थितियों का ध्यान रखा जाता है?
2. एक PV मॉड्यूल की वास्तविक शक्ति आउटपुट, अंकित (rated) शक्ति से कम क्यों होती है?
3. बाजार में मुख्यतः किन-किन वॉटेज के मॉड्यूल उपलब्ध हैं?

4. क्या सौर PV मॉड्यूल के उपयोग से 100,000 वॉट शक्ति या अधिक उत्पन्न करना संभव है?

5. यदि सौर PV मॉड्यूल की दक्षता 15% है व अंकित शक्ति 60 वॉट है तो माड्यूल का भौतिक आकार क्या होना चाहिए?

6. एक 13% दक्षता वाले PV मॉड्यूल के 1 वर्ग मीटर क्षेत्रफल द्वारा कितनी शक्ति उत्पादित होगी?

7. एक PV सिस्टम में, सौर PV पैनल के साथ, बैटरी व इनवर्टर भी जरूरी सामान्य भाग है। क्यों?

8. एक सौर PV मॉड्यूल बिना बैटरी व बिना इनवर्टर के कहाँ उपयोगी है?

9. PV मॉड्यूल से प्राप्त करंट (प्रति इकाई वॉट उच्चतम) की कीमत क्या होगी?

10. बैटरी को वॉट-घण्टा के रूप में अंकित किया जाता है। क्या यह कथन सत्य है?

11. एक सिलिकॉन PV मॉड्यूल 25°C पर 40 वॉट पर अंकित (rated) है। 60°C पर इसकी शक्ति आउटपुट क्या होगी?

12. एक 8 वॉट CFL, जिसका प्रतिदिन 2 घण्टे के लिए उपयोग हो, ऐसा सौर PV लालटेन डिजाइन करें। इसमें बैटरी का आकार व PV मॉड्यूल का आकार क्या होना चाहिए?

13. उपरोक्त प्रश्न में यदि मॉड्यूल व बैटरी का आकार समान रखा जाए व यदि 3 वॉट का CFL उपयोग किया जाए, तो इस PV लालटेन को प्रतिदिन कितने घण्टे उपयोग किया जा सकता है?

14. एक घर का मालिक एक सौर PV सिस्टम उपयोग करने का निश्चय करता है जिससे दो CFL (14 वॉट प्रत्येक) व एक पंखा (60 वॉट) को प्रति दिन 6 घण्टे चलाया जा सके। कुल लोड कितना है? इस उपयोग हेतु कौन से PV मॉड्यूल व बैटरी उपलब्ध हैं? सिस्टम का कुल मूल्य क्या होगा? नीचे दी गई सारिणी को देख कर प्रश्नों के उत्तर दें।

प्रथम चरण: अनुमानित लोड

(a) PV पैनल सिस्टम का कुल लोड

= इकाइयों की संख्या × उपकरण की रेटिंग (अंकित मान)

= .... × .... + ... × .... = ... वॉट

(b) कुल वॉट-घण्टा रेटिंग (अंकित मान)

= कुल लोड (वॉट) × कार्य के घण्टे

= .... × .... = ... वॉट-घण्टा

द्वितीय चरण: PV पैनलों की संख्या का आँकलन

(c) एक PV पैनल की वास्तविक शक्ति आउटपुट (संचालित घटक (operating factor) 0.6 से 0.8 के बीच में है)

= उच्चतम पॉवर रेटिंग (अंकित शक्ति) × संचालित घटक (operating factor)

= .... × .... = ... वॉट

(d) अन्त के उपयोग हेतु उपलब्ध शक्ति की मात्रा कम होती है (सिस्टम की निम्न सामूहिक दक्षता के कारण)

= एक पैनल की वास्तविक शक्ति आउटपुट × सामूहिक दक्षता

= C × .... = ... × .... = ... watts (VA)

= .... watts

(e) एक दिन में एक 40 Wp पैनल द्वारा उत्पादित ऊर्जा मौसम पर निर्भर करती है, प्रतिदिन उपयुक्त घण्टों का चुनाव करें।

= वास्तविक शक्ति आउटपुट × घण्टे/दिन (peak equivalent)

= .... × .... = ... वॉट–घण्टा

(f) अनुमानित लोड हेतु आवश्यक सौर पैनलों की संख्या (प्रथम चरण से)

= कुल वॉट–घण्टा रेटिंग (दैनिक लोड)/एक पैनल द्वारा दैनिक उत्पादित ऊर्जा

= D/E = .../............ = ... (round figure)

टिप्पणी : 12 वोल्टेज से अधिक वोल्टेज (माना 24) वाले सिस्टम के लिए, 24/12 = 2, दो मॉड्यूल श्रेणी में लगाना चाहिए जो 24 वोल्ट प्रदान करेंगे (जब कि पैनलों की कुल संख्या समान रहेगी)।

तृतीय चरण : बैटरी टैंक का अनुमान

(g) कुल आवश्यक amp-hour (संग्रहण हेतु कुल आवेश की मात्रा)

टिप्पणी : निम्न सामूहिक दक्षता के कारण बैटरी का आकार वास्तविक उपयोगी ऊर्जा से अधिक होना चाहिए)

= कुल amp-hour अंकित/(सामूहिक दक्षता × बैटरी वोल्टेज)

= ..../(...... × ......) = ... amp-hour

टिप्पणी : 24 या 48 वोल्ट वाला सिस्टम भी डिजाइन किया जा सकता है। चूँकि PV पैनल व बैटरी को मुख्यतः 12 वोल्ट परिणाम के लिए डिजाइन किया गया है। अतः इन्हें श्रेणी या समान्तर क्रम में लगाकर उच्च वोल्टेज वाला PV सिस्टम प्राप्त कर सकते हैं।

(h) आवश्यक बैटरियों की संख्या

= कुल amp-hour रेटिंग/उपयोग में बैटरी रेटिंग

= g/120 = .../120 = ... (round figure)

चतुर्थ चरण : इनवर्टर का आकार ज्ञात करें।

(i) इनवर्टर रेटिंग (वॉट या VA)

= PV पैनल सिस्टम का कुल लोड

= A = ... वॉट = ... VA

100, 200, 500 VA रेटिंग वाले इनवर्टर उपलब्ध हैं।

अतः उपर्युक्त इनवर्टर = ... VA का होना चाहिए।

(4) सिस्टम के मूल्य का आँकलन

(j) सिस्टम का मूल्य = PV मॉड्यूल की संख्या × कीमत/मॉड्यूल
= F × मूल्य/मॉड्यूल
= .... × .... (एक 40 Wp पैनल हेतु/200 रु./Wp)
= .... रूपए

(k) बैटरियों का मूल्य = बैटरियों की संख्या × मूल्य/बैटरी
= H × कीमत/इनवर्टर = ... × ....
= .... रूपए

(l) इनवर्टर का मूल्य = इनर्वटर की संख्या × मूल्य/इनवर्टर
= 1 × मूल्य/इनवर्टर = ... × ....
= .... रूपए

(m) सिस्टम की कुल मूल्य = j + k + l
= .... रूपए

सिस्टम के कुल मूल्य का 5% वायरिंग के मूल्य के रूप में जोड़ा जा सकता है। जिससे सिस्टम की कुल कीमत निकल जाएगी। उपरोक्त तरीके से किसी भी अन्य सिस्टम के मूल्य की गणना की जा सकती है।

वायरिंग के साथ सिस्टम का कुल मूल्य
= M = j + k + l + 0.05 × (j + k + l)
= .... रूपए

15. 15 मीटर गहराई से 1000 लीटर पानी पम्प करने हेतु कितनी ऊर्जा की आवश्यकता है (माना कि घर्षण हानि शून्य है)?

16. वॉटर पपिंग में टोटल डायनेमिक हेड (total dynamic) ऊँचाई क्या है?

17. सौर PV सिस्टम का सिंचाई में उपयोग अन्य उपयोगों (जैसे प्रकाश करने में) की अपेक्षा आर्थिक दृष्टि से अधिक उपयुक्त होगा, क्यों?

18. एक सौर PV सिस्टम डिजाइन करें, जो कि 4 मीटर गहराई से 10,000 लीटर पानी पम्प करे (ड्रा डाउन लगभग 2 मीटर होगा)। जहाँ पर जल निकास करना है, वह कुँए से 5 मीटर दूर होगा। सिस्टम की कीमत क्या होगी? अपनी गणनाओं के लिए नीचे दिए गए रिक्त स्थानों को भरिए।

प्रथम चरण: पानी की दैनिक आवश्यकता निर्धारित करें।
पानी की दैनिक आवश्यकता = ... मीटर^3/दिन

द्वितीय चरण: टोटल डायनेमिक हेड (total dynamic) निर्धारित करें (TDH)
टोटल वर्टिकल लिफ्ट (total vertical lift) = ... मीटर
घर्षण हानियां = टोटल वर्टिकल लिफ्ट का 5%
= .... मीटर
= .... मीटर
टोटल डायनेमिक हेड (total dynamic)

तृतीय चरण: प्रतिदिन जलीय ऊर्जा की आवश्यकता निर्धारित करें
जल का स्तर बढ़ाने हेतु जलीय ऊर्जा
= mass × g × TDH

= density × volume × g × TDH

= ....

(सेकेण्ड को घण्टे में परिवर्तित करने हेतु 1/3600 से गुणा करें।)

= .... वाट–घण्टा/दिन

टिप्पणी : पम्पिंग के कारण पानी की स्थैतिक ऊर्जा बढ़ जाती है जो पम्प तक पहुँचनी चाहिए।

चतुर्थ चरण : सौर विकिरण आँकड़े निर्धारित करें

उच्चतम उपलब्ध सौर विकिरणों के रूप (1000 W/m^2) में निर्धारित करें जो कि 5 से 8 घण्टों के बीच परिवर्तित होता रहता है। एक निश्चित मान (घण्टों की संख्या) निकालने हेतु मौसम के पुर्वानुमानों के आँकड़ों का प्रयोग करना चाहिए।

= .... घण्टे/दिन

(उच्चतम 1000 W/m^2 के बराबर),

वास्तविक दिन की लम्बाई अधिक हो सकती है।

पंचम चरण : PV पैनल की संख्या व पम्प का आकार निर्धारित करें।

PV पैनल का कुल वॉटेज।

= कुल जलीय ऊर्जा/अधिकतम सूर्य प्रकाश के घण्टे/दिन

= .... = ... वॉट

सिस्टम की हानियाँ–

= कुल PV पैनल वॉटेज/(पम्प की दक्षता × असमान तथ्य)

= ..../...........(...........×...........) = ... वॉट

PV पैनल का संचालित घटक (operating factor)

= हानियों के बाद कुल PV पैनल वॉटेज/संचालित घटक

= ..../........... = ... वॉट

आवश्यक सौर PV पैनलों की संख्या (प्रत्येक .... Wp)

= ..../........... = ... ≈ .... (round figure

मोटर की पॉवर रेटिंग (अंकित शक्ति)

= ..../746 ≈ 1 Hp मोटर

सौर PV पैनलों की कीमत = पैनल का वॉटेज × पैनलों की संख्या × प्रति पैनल कीमत

A = ... × .... × .... रूपए

पम्प व मोटर की कीमत = ... रूपए

dc मोटर व पम्प की कीमत B = ... रूपए

वायरिंग की अतिरिक्त कीमत (2% मानें), C = (A + B) × 0.02 रूपए

सिस्टम की कुल कीमत = A + B + C रूपए

सौर तापीय प्रौद्योगिकी (SOLAR THERMAL TECHNOLOGIES) 4

अध्याय रूपरेखा

4.1 सौर तापीय ऊर्जा संयंत्र

4.2 अवशोषण एवं विकिरण

4.2.1 ऊष्मा प्राप्ति एवं हानि

4.3 सौर कुकिंग सिस्टम

4.3.1 कुकिंग का सिद्धान्त

4.3.2 उबाल कर खाना पकाना

4.3.3 कुकिंग की गति

4.3.4 कुकिंग हेतु आवश्यक ऊर्जा

4.4 सौर कुकर के प्रकार

4.4.1 बॉक्स सौर कुकर

4.4.2 डिश टाइप सौर कुकर

4.4.3 ऊष्मा स्थानांतरण सौर कुकर

4.5 सौर आसवन संयंत्र

4.5.1 जल की विभिन्न श्रेणियाँ

4.5.2 आसवन : जल साफ करने की प्राकृतिक प्रक्रिया

4.6 सौर आसवन की कार्य प्रणाली

4.6.1 अवयव एवं विशेषताएँ

4.6.2 सौर भभका का डिजाइन एवं कीमत

4.6.3 सौर भभका (आर्थिक दृष्टि से)

तापीय या ऊष्मीय ऊर्जा वह ऊर्जा है जो तापान्तर होने पर उत्पन्न होती है। दैनिक उपयोग में हम कई बार तापीय ऊर्जा महसूस करते हैं, जैसे किसी गर्म वस्तु से। रोजमर्रा की आवश्यकताओं में हम तापीय ऊर्जा कई तरह से उपयोग करते हैं। कई बार तापीय ऊर्जा प्रत्यक्ष व अधिकांशतः अप्रत्यक्ष रूप में उपयोग की जाती है। जैसे खाना पकाने, कपड़े सुखाने, अनाज सुखाने, कपड़े इस्त्री करने आदि में तापीय ऊर्जा आवश्यक है। औद्योगिक संस्थानों में तापमान पर आधारित सभी प्रक्रियाएँ, तापीय ऊर्जा से ही होती हैं। उच्च स्तर पर तापीय ऊर्जा से विद्युत शक्ति भी उत्पन्न की जाती है। यह ध्यान देने योग्य बात है कि विभिन्न उपयोगों में तापीय उर्जा के स्त्रोत भिन्न-भिन्न हो सकते हैं। उदारहण के लिए कपड़े सुखाने में सौर विकिरणों से, खाना पकाने में LPG सिलेण्डर से तापीय ऊर्जा प्राप्त होती है, जहाँ गैस की रासायनिक ऊर्जा, तापीय ऊर्जा में रूपान्तरित होती है।

तापीय या ऊष्मीय ऊर्जा विभिन्न तरीकों से उत्पन्न की जा सकती है। ये मुख्यतः हैं—कोयला, लकड़ी की रासायनिक ऊर्जा–ऊष्मा, तेल की रासायनिक ऊर्जा → ऊष्मीय ऊर्जा, भूतापीय ऊर्जा, → तापीय ऊर्जा, सौर विकिरण ऊर्जा → ऊष्मीय ऊर्जा। उपरोक्त उदाहरणों में से न्यूक्लियर (नाभिकीय) ऊर्जा से तापीय ऊर्जा, छोटे स्तर पर प्राप्त नहीं की जा सकती है (जैसे—एक घर में आवश्यक तापीय ऊर्जा की पूर्ति)। जबकि अन्य सभी ऊर्जा परिवर्तन प्रक्रियाएँ उच्च या निम्न दोनों स्तरों पर उपयोगी हैं।

ऊष्मीय ऊर्जा के स्त्रोतों को तीन श्रेणियों/वर्गों में बाँटा जा सकता है—जीवाश्म व नाभिकीय स्त्रोत एवं सौर ऊर्जा स्त्रोत। जीवाश्म ईंधन सीमित मात्रा में उपलब्ध हैं व इनका उपयोग वातावरण को हानि भी पहुँचाता है। नाभिकीय ईंधन भी सीमित मात्रा में उपलब्ध हैं और इनके अपशिष्ट पदार्थ को नष्ट करना आसान नहीं है। इन अपशिष्ट पदार्थों से निकलने वाली रेडियो धर्मिता मानव जीवन के लिए बड़ा खतरा हो सकते हैं। इस प्रकार हमारे पास एक ही स्वच्छ व सुरक्षित विकल्प है, वह है सौर ऊर्जा से तापीय ऊर्जा प्राप्त करना। चूँकि तापीय ऊर्जा का हमारे जीवन में महत्त्वपूर्ण

स्थान है (सामान्यतः खाना पकाने या अप्रत्यक्ष रूप से विद्युत प्राप्त करने में) इसलिए यह निश्चित है कि सौर ऊर्जा प्रौद्योगिकी हमारी तापीय ऊर्जा आवश्यकताओं को पूरा करेंगी व मानव जीवन के विकास को नई दिशा प्रदान करेंगी।

> *सौर विकिरणों से तापीय ऊर्जा प्राप्त करना एक स्वच्छ एवं सबसे सुरक्षित विकल्प है जो भविष्य में मानव जीवन को नई दिशा देगा।*

4.1 सौर तापीय ऊर्जा संयंत्र (Solar Thermal Energy System)

तापीय ऊर्जा प्राप्त करने का सबसे सामान्य सिद्धान्त यह है कि एक अवशोषक सतह को सूर्य प्रकाश में रख दिया जाए तो वह सौर विकिरणों को अवशोषित कर लेगी तथा उसे तापीय ऊर्जा में परिवर्तित कर देगी। इस प्रकार उत्पन्न तापीय ऊर्जा को उपयोग में लिया जा सकता है। सौर तापीय ऊर्जा उपयोग करने में महत्वपूर्ण बात यह भी है कि तापीय ऊर्जा को संग्रहीत किया जा सकता है। जो कि जरूरी है क्योंकि पूरे दिन सौर विकिरणों की मात्रा परिवर्तित होती रहती है। चित्र 4.1 में सौर विकिरणों से तापीय ऊर्जा उत्पन्न करने की प्रक्रिया को दर्शाया गया है। प्रकाश ऊर्जा से तापीय ऊर्जा प्राप्त करने की प्रथम प्रक्रिया में अनेक युक्तियों का उपयोग किया जा सकता है। एक अवशोषक सतह, धातु की (सपाट) प्लेट सतह भी हो सकती है। जो कि प्रकाश (विकिरण) अवशोषित कर ऊर्जा को किसी भी तरल (वायु या जल) में स्थानान्तरित कर सकती है।

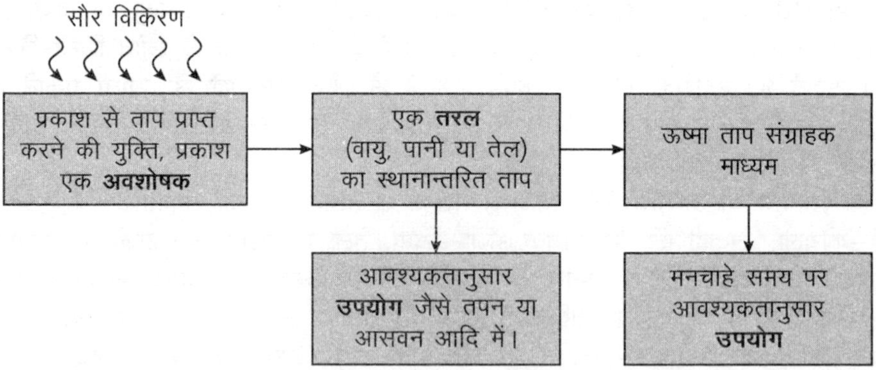

चित्र 4.1 तापीय ऊर्जा आवश्यकताओं में सौर विकिरणों का उपयोग।

धातु की समतल सतह प्राप्त करना या बनाना आसान है। परन्तु ये उच्च तापमान (100°C से ज्यादा) नहीं दे सकती। यह उद्देश्य तभी प्राप्त हो सकता है जब प्रकाश एक छोटे से क्षेत्र में केन्द्रित किया जाए जो कि मैग्नीफाइंग ग्लास (जिससे छोटी वस्तुओं को बड़े आकार में देखा जाता है) से किया जा सकता है। प्रकाश को एक बेलनाकार पैराबोलिक (परवलय) संग्राहक से केन्द्रित किया जा सकता है। चित्र 4.2 में दर्शायी युक्ति में प्रकाश एक रेखा या लम्बाई में केन्द्रित होता है। इसे एक विमीय

(one dimensional) संकेद्रण कहा जाता है। चूँकि प्रकाश का केन्द्रण एक लम्बी पैराबोलिक सतह में किया जाता है अतः अवशोषण सतह पर अधिक प्रकाश, (लगभग 20 से 40 गुना ज्यादा) गिरता है। इससे उच्च तापमान (200 से 400°C) प्राप्त होता है। इससे भी अधिक तापमान की आवश्यकता होने पर द्विविमीय (Two dimensional) संकेद्रण का उपयोग किया जा सकता है। इसे पैराबोलॉइड संग्राहक व हेलियोस्टेट (सूर्य–दर्पण) से बनाया जाता है। इसमें प्रकाश एक बिन्दु पर केन्द्रित किया जाता है, मैग्नीफाइंग ग्लास की तरह चित्र 4.2 इस स्थिति में 1000°C जैसा उच्च तापमान प्राप्त किया जा सकता है।

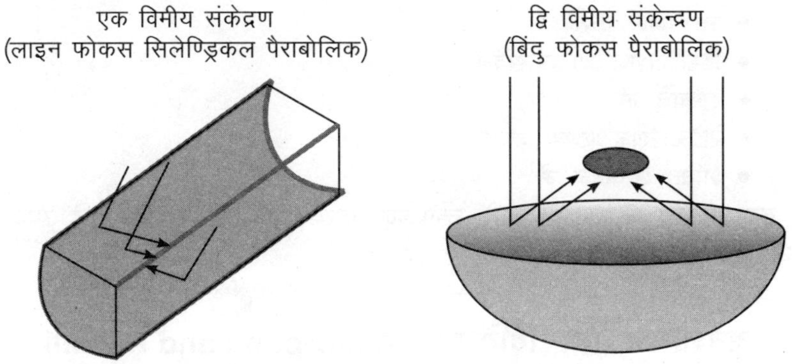

चित्र 4.2 प्रकाश संकेन्द्रण की विधि।

किसी अवशोषक सतह को सूर्य के प्रकाश में रखने पर ऊष्मा उत्पन्न होती है जिसे किसी भी ऊष्मीय आवश्यकता में उपयोग किया जा सकता है या किसी माध्यम में संग्रहीत किया जा सकता है।

तापीय ऊर्जा को संग्रहीत किया जा सकता है जिससे उन स्थितियों में उपयोग किया जा सके जब सूर्य का प्रकाश उपलब्ध न हो (जैसे बारिश में)। तापीय ऊर्जा को सेन्सिबल ताप (Sensible heat) व लेटेण्ट ताप (Latent heat) आदि रूपों में संग्रहीत किया जा सकता है सेन्सिबल ताप संग्रहण में संग्रहण माध्यम का ताप बढ़ता है व ऊर्जा संरक्षण के दौरान तापमान कम हो जाता है व उसी क्रम में बढ़ता व कम होता रहता है उदाहरण के लिए यदि जल किसी अपरिचालक पदार्थ से पूरी तरह ढँका हुआ है तो यह लम्बे समय तक गर्म रहेगा (ताप संग्रहण क्रिया)। जरूरत पड़ने पर इस ऊष्मीय ऊर्जा को उपयोग किया जा सकता है उपयोग के दौरान ऊर्जा निकलने से जल ठण्डा होता जाएगा। इस तापीय ऊर्जा संग्रहण क्रिया का उपयोग सोलर हॉट वॉटर सिस्टम में किया जाता है। लेटेण्ट ताप संग्रहण में संग्रहण माध्यम का, ऊर्जा संग्रहण के दौरान रूप बदल जाता है (जैसे ठोस से तरल, तरल से गैस या उल्टा)। उदाहरण के लिए जब ऊर्जा संग्रहण के लिए जल को भाप में बदला जाता है, तो संग्रहीत ऊर्जा, लेटेण्ट ऊर्जा होती है। लेटेण्ट ऊर्जा सरंक्षण को उच्च ताप की आवश्यकता वाले संयंत्रों में उपयोग किया जाता है।

तापीय ऊर्जा को सेन्सिबल ऊष्मा या लेटेण्ट ऊष्मा के रूप में संग्रहीत किया जाता है।

सौर तापीय ऊर्जा के उपयोग (Applications of Solar Thermal Energy)

सौर विकिरण द्वारा विभिन्न युक्तियों से तापीय ऊर्जा प्राप्त की जा सकती है और विभिन्न ऊर्जा संग्रहण युक्तियाँ भी हैं। इन सभी की मदद से सौर तापीय ऊर्जा के विभिन्न उपयोग संभव हैं। कुछ प्रमुख उपयोग निम्नांकित हैं :

- खाना पकाने में
- जल गर्म करने में
- डिस्टीलेशन या आसवन
- सुखाने में
- रेफ्रिजरेशन (ठण्डा करने में)
- शक्ति उत्पादन में

इस अध्याय में खाना पकाने, जल गर्म करने और डिस्टीलेशन आदि उपयोगों के बारे में चर्चा की गई है।

4.2 अवशोषण एवं विकिरण (Absorption and Radiation)

जब किसी वस्तु पर सौर विकिरण गिरते हैं तो वे परावर्तित (reflect) होते हैं, अवशोषित (absorbtion) होते हैं या पारगम्य (transmit) हो जाते हैं। सौर विकिरण से ऊष्मीय ऊर्जा प्राप्त करने के लिए यह जरूरी है कि पदार्थ/वस्तु द्वारा वे अवशोषित कर लिए जाएँ। प्रत्येक वस्तु या पदार्थ एक निश्चित तापमान पर कुछ विकिरण उत्सर्जित भी करते है। ये उत्सर्जित विकिरण विभिन्न तरंगदैर्ध्य के होते है। प्लाँक ने किसी गर्म वस्तु से उत्सर्जित होने वाले विकिरणों का अध्ययन किया एवं इन विकिरणों का आँकलन करने हेतु सूत्र दिया। सूर्य का 5673 K पर उत्सर्जित विकिरणों का स्पेक्ट्रम, लगभग 550 नैनोमीटर पर उच्चतम बिन्दु पर होता है। किसी गर्म वस्तु का तापमान कम होने के साथ उसका उच्च उत्सर्जित विकिरण स्पेक्ट्रम अधिक तरंगदैर्ध्य का होता जाता है। किसी निकाय का 300 K (कमरे के तापमान) पर उच्चतम उत्सर्जन, पॅरालाल (infrared) क्षेत्रों में होता है। जिसकी तरंगदैर्ध्य लगभग 1 माइक्रोमीटर होती है।

यह विदित है कि किसी गर्म वस्तु के शक्ति प्रवाह (P) को व उसके तापमान के रूप में (T) व्यक्त किया जा सकता है।

$$P = \varepsilon \sigma T^4 \text{ (watts/area)}$$

यहाँ σ स्टीफन वोल्ट्जमैन स्थिरांक ($= 5.67 \times 10^{-8}$ W/m^2 – K^4) है ; और ε उत्सर्जन या अवशोषण क्षमता है यह वस्तु के भौतिक गुणों, तापमान व तरंगदैर्ध्य पर निर्भर करती है। किसी वस्तु की उत्सर्जन क्षमता उस वस्तु से किसी निश्चित तरंगदैर्ध्य वाले विकिरणों के उत्सर्जन को कहा जाता है।

4.2.1 ऊष्मा प्राप्ति एवं हानि (Heat Gain and Loss)

सौर तापीय युक्तियाँ (वॉटर हीटर, सौर आसवन) वे हैं, जो अधिक से अधिक प्रकाश अवशोषित कर उसे ताप या ऊष्मा में परिवर्तित करते हैं। एक वस्तु जो सौर ऊर्जा संग्रह करती है, वह न केवल सौर विकिरण अवशोषित करती है बल्कि कुछ सौर ऊर्जा वातावरण में वापिस उत्सर्जित भी करती है। ऐसा इसलिए होता है, क्योंकि प्रत्येक वस्तु एक निश्चित तापमान तक ही गर्म हो सकती है। जब वस्तु पर सूर्य प्रकाश गिरता है तो उसका ऊर्जा अवशोषण कुछ कारकों पर निर्भर करता है, ये हैं सतह पर उपलब्ध सौर विकिरण, वस्तु का क्षेत्रफल (या किसी भी युक्ति का क्षेत्रफल जो प्रकाश को ताप में परिवर्तित करता है) और वस्तु की अवशोषण क्षमता। सूर्य प्रकाश अवशोषण की वजह से सौर ऊर्जा संग्रहीत करने वाली वस्तु का तापमान बढ़ जाता है। इस तापमान को साम्य तापमान (Equilibrium Temperature) कहा जाता है। साम्य तापमान तब प्राप्त होता है, जब प्राप्त होने वाली ऊष्मा का मान ऊष्मा की हानि के बराबर हो जाता है ऊर्जा संग्रहण करने वाली वस्तु को प्राप्त होने वाली ऊष्मा व उसकी हानि को चित्र 4.3 में दर्शाया गया है।

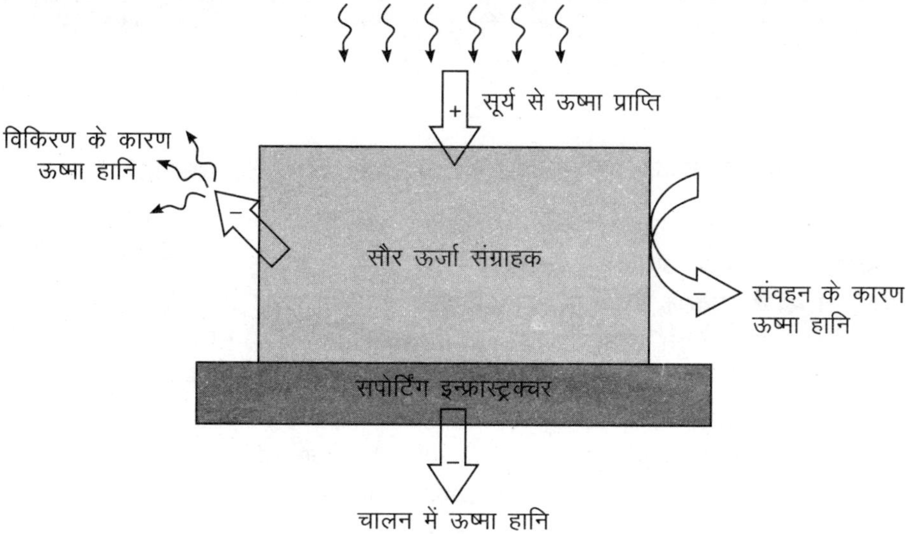

चित्र 4.3 सूर्य प्रकाश को ऊष्मा में परिवर्तित करने वाले सौर ऊर्जा संग्राहक की ऊष्मा प्राप्ति एवं ऊष्मा हानि।

सौर ऊर्जा संग्राहक से ऊष्मा हानि तीन विधियों द्वारा होती है चालन, संवहन, व विकिरण जिसका निम्न प्रकार वर्णन किया गया है।

चालन वह प्रक्रिया है जिसमें ताप सीधे किसी माध्यम में स्थानान्तरित होता है, जैसे तापीय ऊर्जा, अणु या परमाणु से परमाणु में स्थानान्तरित हो जाती है (चित्र 4.3)।

संवहन में ताप माध्यम के बहाव से स्थानान्तरित होता है जैसे हवा या जल (तापीय ऊर्जा किसी एक अणु या कणों द्वारा ही एक स्थान से दूसरे स्थान पर प्रवाह के कारण स्थानान्तरित होता रहता है)।

विकिरण प्रक्रिया में ऊर्जा का स्थानान्तरण विद्युत-चुम्बकीय तरंगों द्वारा होता है।

एक सौर ऊर्जा संग्राहक वस्तु में चालन के द्वारा तापीय ऊर्जा की कुछ हानि होती है, क्योंकि वह वस्तु दूसरी वस्तुओं की सतह के सम्पर्क में रहती है जो कि संग्राहक को पकड़े रहती है। सामान्यतः संग्राहक वस्तु अन्य वातावरणीय माध्यमों जैसे हवा के सम्पर्क में भी रहती है, इस हवा के प्रवाह से संवहन द्वारा भी कुछ ऊर्जा की हानि होती है, साथ ही वस्तु के एक निश्चित ताप के बाद ताप बढ़ने पर विकिरण प्रक्रिया द्वारा भी तापीय ऊर्जा की हानि होती है। विकिरण द्वारा होने वाली ऊर्जा की हानि पूरी तरह तापमान पर निर्भर करती है।

इस प्रकार सौर ऊर्जा संग्राहक में तापीय ऊर्जा सूर्य प्रकाश से ही प्राप्त होती है परन्तु इस ऊर्जा की हानि विभिन्न प्रक्रियाओं द्वारा होती है। वास्तव में सौर ऊर्जा संग्राहक में एक साम्य तापमान स्थापित हो जाता है जिस पर ऊर्जा प्राप्ति व ऊर्जा हानि बराबर हो जाती है। एक सौर ऊर्जा संग्राहक डिजाइन करने वाला व्यक्ति कोशिश करता है कि संयंत्र में ऊर्जा हानि कम से कम हो। ऐसा संयंत्र न केवल अधिक कार्य दक्षता वाला होगा, वरन् वह एक सस्ता सौदा भी साबित होगा।

सौर ऊर्जा संग्राहक में ऊर्जा प्राप्ति सौर विकिरणों द्वारा व ऊर्जा की हानि चालन, संवहन, विकिरण प्रक्रिया द्वारा होती है।

4.3 सौर कुकिंग सिस्टम (Solar Cooking Systems)

शताब्दियों पहले हम खाना पकाने हेतु जलाऊ लकड़ी का उपयोग करते थे, जो कि विकासशील देशों में अब भी बहुत से परिवारों द्वारा उपयोग की जा रही है। विकसित देशों में खाना पकाने के लिए अन्य विकल्प अपनाये जाते हैं जैसे जीवाश्म ईंधन आधारित ऊर्जा, विद्युत ऊर्जा या Liquid Petroleum Gas—LPG। परन्तु बहुत से कारण हैं जिनकी वजह से अन्य वैकल्पिक ईंधनों की आवश्यकता है। लकड़ी के ईंधन के रूप में उपयोग से जंगल नष्ट हो रहे हैं। जीवाश्म ईंधन बहुत ही सीमित मात्रा में है। अतः खाना पकाने हेतु अन्य विकल्पों को खोजने की आवश्यकता है। खाना पकाने हेतु सौर ऊर्जा का उपयोग एक आकर्षक उपाय है, खासकर ग्रामीण क्षेत्रों में। ग्रामीण क्षेत्रों में सौर ऊर्जा के उपयोग के बहुत से फायदे हैं जैसे जलाऊ लकड़ी की खोज में लगने वाले समय की बचत व जंगल भी नष्ट होने से बचेंगे। वर्तमान में सोलर कुकर विभिन्न डिजाइनों में उपलब्ध हैं। पर किसी भी डिजाइन की सफलता कई कारकों पर निर्भर करती है। जैसे उसकी कीमत, खाना पकाने में लगने वाला समय, उसके बारे में दिया गया प्रशिक्षण इत्यादि। इनमें से कुछ प्रमुख कारकों के बारे में आगे चर्चा की गई है।

घरेलू कार्यों में सौर ऊर्जा के उपयोगों में से सौर ऊर्जा से कुकिंग आर्थिक दृष्टि से सबसे अधिक उपयुक्त है।

4.3.1 कुकिंग के सिद्धान्त (Principle of Cooking)

सौर कुकर सौर प्रकाश के अवशोषण एवं उसके ऊष्मा में परिवर्तन के सिद्धान्त पर कार्य करते हैं। सौर विकिरणों को एक बड़े क्षेत्र में एकत्र करने की आवश्यकता होती है, ताकि आसपास के वातावरण की तुलना में अधिक तापमान प्राप्त किया जा सके। इन संग्रहीत विकिरणों को एक छोटे बर्तन में भेजा जाता है इस प्रक्रिया द्वारा सौर प्रकाश को केन्द्रित किया जाता है। इस प्रकार सौर कुकिंग में भोजन पकाने वाला बर्तन केन्द्रित सौर प्रकाश के सम्पर्क में रहता है यानि खुले वातारण की अपेक्षा अधिक ऊर्जा प्राप्त करता है। इस प्रक्रिया में बर्तन को उच्च तापमान प्राप्त होता है और खाना पक जाता है।

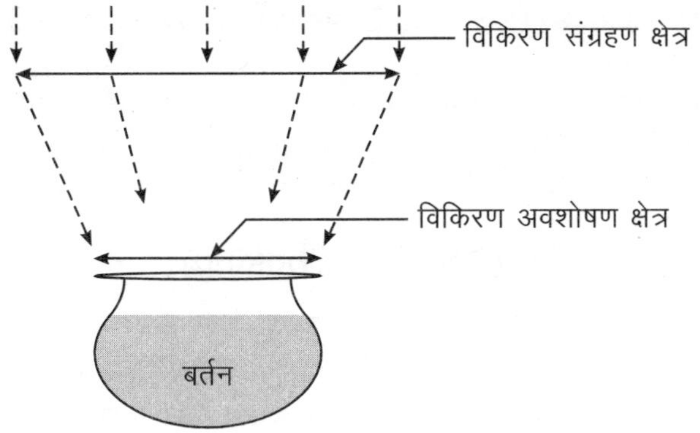

चित्र 4.4 खाना पकाने में उच्च तापमान प्राप्त करने हेतु सौर विकिरणों का संकेन्द्रण।

सामान्यतः खाना कुछ विधियों से पकाया जाता है जैसे उबाल कर, तलकर, भून कर, व बेकिंग द्वारा। उबला खाना जैसे चावल को 100°C तापमान पर पकाया जाता है (जैसे, चावल)। तलने व बेकिंग में और अधिक तापमान की आवश्यकता होती है।

4.3.2 उबालकर खाना पकाना (Cooking by Boiling)

जब भोजन उबालकर पकाया जाता है तब उबालने हेतु जल की मात्रा अधिक रखी जाती है। जल की ऊष्मा ग्रहण क्षमता अनाज व सब्जियों की अपेक्षा बहुत अधिक होती है। किसी पदार्थ की ऊष्मा ग्रहण क्षमता ऊष्मा की वह मात्रा है जो इकाई मात्र पदार्थ का तापमान 1°C बढ़ाने के लिए आवश्यक है। जल की ऊष्मा ग्रहण क्षमता 4.18 किलो जूल प्रति किलोग्राम प्रति डिग्री सेण्टीग्रेड या kJ/kg-°C है। चूँकि खाना पकाते समय जल की मात्रा अधिक होती है, अतः अनाज या सब्जी की ऊष्मा ग्रहण क्षमता भी लगभग जल के बराबर हो जाती है। परन्तु अतिरिक्त ऊष्मा की आवश्यकता होती है, वेसल (बर्तन) से होने वाली ऊष्मा हानि को बराबर करने के लिए। जब बर्तन का तापमान जल उबलने हेतु आवश्यक तापमान तक (100°C) पहुँच जाता है तब भोजन पकना शुरू हो जाता है। यही कारण है कि अलग-अलग कुकर में समान भोजन पकने में अलग-अलग समय लगता है। उबलने की प्रक्रिया तक पहुँचने में कुकर अलग-अलग समय लेते हैं।

खाना पकाने के एक बर्तन से ऊष्मा की हानि जल के वाष्पीकरण की वजह से होती है (लेटेण्ट ताप) व संवहन (convection) एवं विकिरण (radiation) से भी होती है। इस प्रकार होने वाली ऊष्मा हानि की मात्रा, खाना उबलने में लगने वाली ऊष्मा की मात्रा से भी अधिक होती है। खाना पकाने के दौरान वह ऊष्मा जो भोजन को उबालने वाले तापमान तक लाने में लगती है, वह लगभग 20%, होती है। जल के वाष्पीकरण में लगने वाली ऊष्मा लगभग 35%, व बर्तन से संवहन (convection) द्वारा होने वाली ऊष्मा हानि लगभग 45% होती है। संवहन (convection) से होने वाली ऊष्मा हानि को रोका जा सकता है, बर्तन को चारों तरफ से ऊष्मा अवरोधी बनाकर व मुँह पर ढँक कर। उबाल कर खाना पकाते समय भोजन की ऊष्मा ग्रहण क्षमता, जल की ऊष्मा ग्रहण क्षमता के लगभग बराबर हो जाती है।

उबाल कर खाना पकाते समय भोजन की ऊष्मा ग्रहण क्षमता, जल की ऊष्मा ग्रहण क्षमता के लगभग बराबर हो जाती है।

4.3.3 कुंकिग की गति (Speed of Cooking)

जब खाना पकाने के लिए एक इलेक्ट्रिक हीटर या गैस हीटर का उपयोग किया जाता है तब सामान्यतः हीटर का बर्नर 1 kW क्षमता का होता है। 1 kW क्षमता वाला हीटर 2 litre जल को 10 मिनट में ही उबाल देता है या उस तापमान तक ले आता है। LPG गैस द्वारा खाना पकाने की तुलना भी इसी तरह की गई है। अतः सौर कुकर भी खाना पकाने वाले बर्तन को 1kW शक्ति दे सके, इस तरह का होना चाहिए। खाना पकाने की गति के आधार पर विभिन्न डिजाइन वाले कुकरों की तुलना की जा सकती है।

कुकिंग की गति द्वारा विभिन्न कुकरों एवं LPG आधारित कुकिंग की तुलना की गई है।

4.3.4 कुकिंग हेतु आवश्यक ऊर्जा (Energy Required for Cooking)

एक सौर कुकर का आकार निश्चित करने के लिए यह अनुमान लगाया जाता है कि एक निश्चित मात्रा के भोजन को पकने में कितनी ऊर्जा की आवश्यकता है। भोजन पकाने हेतु ऊष्मीय ऊर्जा दी जाती है जिससे भोजन का तापमान उस बिन्दु तक पहुँच जाता है जिस पर पकने की प्रक्रिया शुरू होती है (कम तापमान पर भोजन भले ही लम्बे समय तक रखा जाए तो भी नहीं पकेगा) एक बार खाना पकने की प्रक्रिया शुरू होने पर भोजन तैयार होने तक समान तापमान बनाए रखने की आवश्यकता होती है। इस प्रकार खाना पकने के दो फेस (भाग) होते हैं पहले भाग में ऊष्मीय ऊर्जा का तापमान बढ़ाने हेतु आवश्यक होती है, व दूसरे भाग में समान तापमान बनाए रखने हेतु ऊर्जा (खासकर उबाल कर पकाने में)।

माना किसी पदार्थ का तापमान बढ़ाने हेतु लगने वाली ऊष्मीय ऊर्जा की मात्रा (Q) है। जिसे निम्न सूत्र से हल किया जा सकता है।

Q = m × Cp × (अन्तिम तापमान–वातावरणीय तापमान) kJ या किलो जूल में।

यहाँ m (kg) पदार्थ का भार (kJ/kg–°C) है, Cp पदार्थ की विशिष्ट ऊष्मा ग्रहण क्षमता (Specific heat capacity) है। (kJ/kg–°C), अन्तिम तापमान वह मान है जिसकी हमें आवश्यकता है (जैसे उबालकर खाना पकाने में 100°C लगता है।) नीचे दी गई तालिका 4.1 में कुछ खाद्य पदार्थों की ऊष्मा ग्रहण क्षमता व खाना पकाने वाले बर्तनों की धातु (ताँबा, एल्युमिनियम) व तरल (जल, दूध, खाद्य तेल) आदि की ऊष्मा ग्रहण क्षमता दी गई है।

तालिका 4.1 कुकिंग में उपयोगी पदार्थों की विशिष्ट ऊष्मा ग्रहण क्षमता

पदार्थ	*विशिष्ट ऊष्मा ग्रहण क्षमता (Specific Heat Capacity)* kJ/kg–°C
पानी	4.18
समुद्री जल	3.93
वनस्पति तेल	1.67
दूध	3.93
ताँबा	0.39
एल्युमिनियम	0.90
हवा	1.01
आलू	3.43
चिकन, अण्डा	3.2

उपरोक्त तालिका से स्पष्ट है कि जल की ऊष्मा ग्रहण क्षमता सबसे अधिक है इसका तात्पर्य है कि जल को एक निश्चित तापमान तक गर्म करने के लिए सबसे अधिक ऊष्मीय ऊर्जा की आवश्यकता होती है। अतः आवश्यक ऊष्मीय ऊर्जा ज्ञात करते समय यदि कुछ पदार्थों की ऊष्मीय क्षमता ज्ञात न हो तो इनके वजन (जैसे चावल, सब्जियाँ अन्य खाद्य पदार्थ) के अनुसार जल की ऊष्मीय क्षमता को लिया जा सकता है।

उदाहरण के लिए आधा किलो चावल को पकाने में कितनी ऊर्जा की आवश्यकता है? इसमें सबसे पहले हमें यह निकालना होगा कि कितने भार को गर्म करना है? इसमें बर्तन का भार, जल, व चावल का भार शामिल होगा।

- माना कि बर्तन ताँबे का है (ऊष्मा ग्रहण क्षमता 0.39 kJ/kg-°C) व भार 0.6 kg है अतः बर्तन का प्रति डिग्री ताप बढ़ाने के लिए आवश्यक ऊर्जा है, भार × ऊष्मा ग्रहण क्षमता = 0.6 × 0.39 = 0.234 kJ/°C
- चावल पकाने में लगा जल यदि 0.5 kg है (ऊष्मा ग्रहण क्षमता 4.18 kJ/°C) अतः जल का प्रति डिग्री ताप बढ़ाने हेतु आवश्यक ऊर्जा है = 0.5 × 4.18 = 2.09 kJ/°C
- आधा किलो चावल पकाया जाना है, यदि चावल की ऊष्मा ग्रहण क्षमता जल के बराबर मानी जाए तो चावल का प्रति डिग्री ताप बढ़ाने के लिए आवश्यक ऊर्जा है = 0.5 × 4.18 = 2.09 kJ/°C

- पूरे भार (बर्तन + जल + चावल) का प्रति डिग्री तापमान बढ़ाने हेतु आवश्यक ऊर्जा $= 0.234 + 2.09 + 2.09 = 4.41$ kJ/°C (यह पूरे निकाय का कुल $m \times Cp$ है।)
- पूरे भार को उबालने के लिए आवश्यक ऊष्मीय ऊर्जा $= m \times Cp \times$ (अंतिम तापमान – वातावरणीय तापमान) $= 4.14\ (100 - 30) = 308.98$ kJ
- उबलने के तापमान तक पहुँचने के बाद खाना पकने तक, पदार्थ के तापमान को एक समान बनाए रखने के लिए ऊष्मीय ऊर्जा की आवश्यकता होती है जो ऊष्मा हानि को बराबर करने के लिए होती है। यह ऊर्जा आवश्यकता बहुत अधिक नहीं होती है, बल्कि पूरे पदार्थ को उबालने हेतु दी गई ऊष्मा का 10% से 30% हो सकती है। माना कि यह 25% है। इस ऊष्मा को मिलाकर अब कुल ऊर्जा है,

$$308.98 + 0.25 \times 308.98 = 386.25 \text{ kJ}$$

इस प्रकार किसी भी मात्रा के खाद्य पदार्थ की कुकिंग में आवश्यक ऊर्जा का आँकलन किया जा सकता है। अनुमानित मान के आधार पर कुकर का कितना बड़ा आकार होना चाहिए, निकाला जा सकता है या किसी कुकर विशेष में पकाए जाने वाले खाद्य पदार्थ की मात्रा निकाली जा सकती है।

4.4 सौर कुकर के प्रकार (Types of Solar Cooker)

वर्तमान में सौर कुकर इस तरह डिजाइन किए जा रहे हैं जिनमें सभी विधियों से खाना पकाया जा सके जैसे उबाल कर व तल कर। कुकर अलग-अलग आकारों में भी उपलब्ध हैं जिससे जरूरत के हिसाब से कम या ज्यादा लोगों के लिए खाना पकाया जा सके। जैसे कि छोटे परिवार, बड़े परिवार एवं किसी समूह के लिए।

4.4.1 बॉक्स सौर कुकर (Box Type Solar Cooker)

जैसा कि नाम से स्पष्ट है इसमें एक बॉक्स होता है जिसमें प्रकाश को अवशोषित व केन्द्रित करने की व्यवस्था होती है (चित्र 4.5)। इस क्रिया के लिए बॉक्स के अन्दर की सतह में ऊष्मा अवशोषित करने वाली कोटिंग होती है। ये एक काली सतह होती है। इस बॉक्स के अन्दर खाना पकाने का बर्तन रखा जाता है। यह बर्तन सीधे सूर्य से मिलने वाला प्रकाश अवशोषित करता है व साथ ही बॉक्स की काली सतह द्वारा अवशोषित ऊष्मा भी इसे प्राप्त होती है। खाना पकाने के लिए रखे बर्तन के खुले मुँह से ऊष्मा हानि हो सकती है अतः बॉक्स पर एक काँच का ढक्कन लगाया जाता है। यह ढक्कन पारदर्शी होता है जिससे सूर्य का प्रकाश अन्दर आ पाता है बॉक्स के अन्दर की काली सतह सूर्य का प्रकाश बहुत अधिक अवशोषित करती है जिससे अन्दर का तापमान बढ़ जाता है। बढ़े तापमान की वजह से यह सतह ऊष्मीय ऊर्जा उत्सर्जित करती है। जो कि परालाल तरंगदैर्ध्यों के रूप में होती है। परालाल तंरगदैर्ध्य को काँच (ढक्कन) अवशोषित कर वापस बॉक्स में उत्सर्जित करता है। इस प्रक्रिया से बॉक्स का

तापमान और बढ़ जाता है इस प्रक्रिया से बॉक्स में एक छोटा सा ग्रीन हाउस प्रभाव तैयार हो जाता है। बॉक्स के चारों तरफ ऊष्मा अवरोधी पदार्थ की परत लगा दी जाती है। जिससे उसके चारों तरफ से ऊष्मा की हानि नहीं होती है।

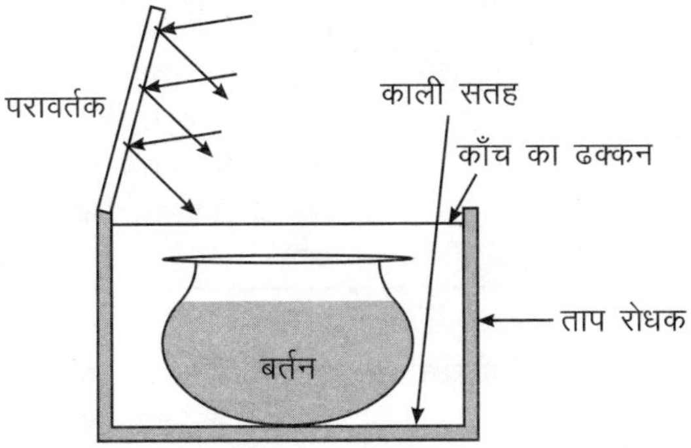

चित्र 4.5 बॉक्स टाइप सोलर कुकर।

इस बॉक्स के अन्दर एक अतिरिक्त काँच की प्लेट या परावर्तक लगा दिया जाता है जिससे बॉक्स में और अधिक सूर्य का प्रकाश केन्द्रित होता है, और बॉक्स के अन्दर उच्च तापमान हो जाता है। इस बॉक्स कुकर के अन्दर तापमान 60 से 100°C तक पहुँच सकता है। एक LPG आधारित संयंत्र में बर्नर का तापमान लगभग 400°C होता है। स्पष्ट है कि सौर कुकर में और अधिक तापमान या और अधिक सूर्य प्रकाश के अवशोषण की आवश्यकता होती है। यही वजह है कि सौर कुकर में खाना पकने में अधिक समय लगता है। तापमान की सीमा के कारण इसे मुख्यतः खाना पकाने की उस विधि में उपयोग किया जाता है जिसमें अधिकतम 100°C की आवश्यकता है; जैसे उबाल कर खाना पकाने में।

बॉक्स सौर कुकर को आसानी से बाजार में उपलब्ध सामग्री से तैयार किया जा सकता है। इस बॉक्स कुकर की लम्बाई व चौड़ाई लगभग 0.50 मी. होती है (क्षेत्रफल $= 0.50 \times 0.50\ m^2$) व ऊँचाई 0.30 मीटर होती है। ये पैमाने उपयोग किये जाने वाले बर्तन के आकार व संख्या के आधार पर भी निश्चित किये जा सकते हैं।

> *बॉक्स सौर कुकर को बनाना बहुत आसान है व इसको बनाने के लिए सामान आसानी से बाजार में उपलब्ध है।*

बॉक्स सौर कुकर के अवयव (Components of Box Type Solar Cooker)

एक बॉक्स सौर कुकर को निर्मित करने हेतु लगने वाले सामानों की लिस्ट तालिका 4.2 में दी गई है। एक बॉक्स सौर कुकर के अवयव हैं परावर्तक, काँच का ढक्कन, अवशोषक पदार्थ की परत, ऊष्मा अवरोधी पदार्थ, बर्तन। आगे अवयवों को बनाने में प्रयुक्त विभिन्न पदार्थों का तुलनात्मक अध्ययन दिया गया है।

तालिका 4.2 एक बॉक्स सौर कुकर को बनाने में आवश्यक सामग्री

सौर कुकर के अवयव	*महत्त्व*		*सम्बन्धित बिन्दु*
	पदार्थ	*गुण*	
परावर्तक (Reflector) काँच की समतल प्लेट या धातु की फॉइल	ग्लास, एल्युमिनियम	परावर्तन, उच्च होना चाहिए, जिससे कुकिंग वेसल या बर्तन को अधिक तापमान मिल सके।	काँच एक अच्छा परावर्तक है परन्तु यह महँगा होने के साथ-साथ इसके टूटने का भी डर रहता है।
बॉक्स			
(a) बाहरी बॉक्स	GI, एल्युमिनियम शीट FRP	ऊष्मा अवरोधन एवं मजबूती के लिए अच्छी गुणवत्ता	यहाँ कम कीमत का मैटीरियल जैसे कार्ड बोर्ड का भी उपयोग किया जा सकता है
(b) अन्दर का बॉक्स	एल्युमिनियम या ताँबा (उच्च ऊष्मा चालकता)	ऊष्मा अवशोषित करने हेतु काले पेण्ट की परत के साथ	सूखने पर पेण्ट नॉन-टाक्सिक होना चाहिए।
पारदर्शी कवर	काँच या प्लास्टिक	काँच परालाल विकिरणों को अवशोषित करता है जिससे कुकर के ऊपरी हिस्से से ऊष्मा हानि नहीं होती।	काँच का कवर फ्रेम से अच्छी तरह जुड़ा हो, जिससे कि दोनों के मध्य रिक्त स्थान न रहे व ऊष्मा हानि न हो।
ऊष्मा अवरोधी	ऊन, कॉटन, पंख या अखबार	कुकर से होने वाली ऊष्मा हानि को रोकने के लिए बाहरी व अन्दर के बॉक्स के बीच व प्लेट का निचला हिस्सा भी ऊष्मा अवरोधी होना चाहिए।	किसी भी मैटीरियल में वाष्पशीलता न हो।
कुकिंग के बर्तन	एल्युमिनियम या ताँबा या स्टेनलेस स्टील	बर्तन काले पदार्थ से कोटेड हों, जिससे अच्छी ऊष्मा अवशोषण हो।	हल्के व कम गहराई वाले बर्तन हों।

पकने में लगने वाले समय का आँकलन
(Estimating the time required to cook food)

अनुमान

- किसी दिए गए क्षण पर सौर विकिरण—800 W/m^2 (वास्तव में सौर विकिरण 100 W/m^2 (सुबह एवं शाम) से दोपहर 1000 W/m^2 के बीच परिवर्तित होता है।
- सौर कुकर का क्रास सेक्शन क्षेत्रफल $= 0.5 \times 0.5 = 0.25\ m^2$
- परावर्तक का क्षेत्र (जो बॉक्स में अतिरिक्त प्रकाश लाता है)
$$= 0.5 \times 0.5 = 0.25\ m^2$$
- सौर कुकर की दक्षता = 0.20 (यह दक्षता 20 से 50% के बीच बदल सकती है।)
- खाना पकाने में कुल आवश्यक ऊर्जा (ताँबे के बर्तन में आधा कि.ग्रा. चावल पकने के लिए पूर्व ज्ञात किया जा चुका है) = 386.2 kJ

प्रथम चरण : खाना पकाने में आवश्यक ऊर्जा निकालें।

खाना पकने में आवश्यक कुल ऊर्जा (आँकलन प्रक्रिया ऊपर 4.3.4 में दी गई है)
$$= 386.2\ kJ$$
$$= 386200\ J$$

द्वितीय चरण : सौर कुकर गर्म करने हेतु वास्तविक उपलब्ध सौर विकिरण निकालें।

किसी क्षण पर सौर विकिरण = 800 W/m^2

कुकर का क्षेत्रफल + परावर्तक का क्षेत्रफल = 0.25 + 0.25 = 0.5 m^2

सौर कुकर की दक्षता = 0.20

कुकर के अन्दर उपलब्ध वॉटेज

= प्रति इकाई का क्षेत्र में विकिरणों की (खाना पकने की प्रक्रिया हेतु) तीव्रता × कुकर का क्षेत्रफल × कुकर की दक्षता

$$= 800 \times 0.50 \times 0.20$$
$$= 80\ \text{Watt}$$

(इस प्रकार बॉक्स सौर कुकर को उतनी शक्ति प्राप्त होगी, जितनी 80 वॉट विद्युत तापक कॉयल से प्राप्त होगी)

तृतीय चरण : खाना पकने में लगने वाला कुल समय

खाना पकने में आवश्यक कुल समय (यहाँ ताँबे के बर्तन में आधा कि.ग्रा. चावल पकाने की प्रक्रिया को उदाहरणस्वरूप लिया गया है)

$$\text{कुकिंग हेतु आवश्यक कुल समय} = \frac{\text{खाना पकने हेतु आवश्यक कुल ऊर्जा}}{\text{वास्तविक उपलब्ध वॉटेज}}$$

(यहाँ 1 Wh = 3600 J)

$$= \frac{386200}{80} \times 3600$$

= 1.34 घण्टे।

टिप्पणी : एक बॉक्स सौर कुकर में परावर्तक को सही तरीके से लगाना जरूरी है क्योंकि, इसके बिना सौर कुकर में खाना पकाने में लगने वाला समय 2.68 घण्टे है। ऐसा इसलिए है क्योंकि इसके बिना प्रकाश संग्रहण क्षेत्र आधा हो जाता है परावर्तक को सही जगह लगाते समय सूर्य की स्थिति व दिशा का ध्यान रखना जरूरी है। परावर्तक इस तरह लगाना होगा, जिससे प्रकाश परावर्तित होकर बॉक्स में आए। सूर्य की गति के कारण परावर्तक की स्थिति दिन में कई बार बदलनी पड़ सकती है।

पे-बैक-पीरियड (Simple payback period)

सौर कुकर के उपयोग से हम जलाऊ लकड़ी, केरोसीन, LPG व विद्युत द्वारा कुकिंग को कम कर सकते हैं।

पे-बैक इस बात पर निर्भर करता है कि हम कौन-सा ईंधन उपयोग कर रहे हैं एक LPG सिलेण्डर को सौर कुकर द्वारा विस्थापित कर सकते है इसकी गणना नीचे दी गई है।

एक LPG सिलेण्डर में निहित ऊर्जा : LPG (प्रोपेन व ब्यूटेन का मिश्रण) का कैलोरी मान 12.6 kWh/kg है। एक सिलेण्डर में 13.5 kg गैस होती है। अतः पूरे भरे सिलेण्डर की ऊष्मीय क्षमता = 12.6 × 13.5 = 170 kWh सिलेण्डर = 612360 kJ/सिलेण्डर।

परन्तु इस ऊर्जा का केवल 60% उपयोग होता है (बचा भाग व्यर्थ जाता है।)

- अतः उपयोगी ऊर्जा है = 612360 × 0.6 = 367416 kJ/सिलेण्डर
- एक सिलेण्डर की कीमत है 400 रूपए

एक बॉक्स टाइप सौर कुकर द्वारा उत्पादित ऊर्जा :

- एक व्यक्ति के लिए कुकिंग में आवश्यक ऊष्मीय ऊर्जा = 900 kJ
- एक बाॅक्स सौर कुकर मुख्यतः 3 व्यक्तियों के लिए खाना पका सकता है। परन्तु यह माना कि यह 40% खाना पकाता है अन्य भाग तल कर पकाया जाता है। इस प्रकार प्रतिदिन 2 व्यक्तियों के लिये ही कुकिंग होती है, तो प्रति दिन कुकर द्वारा उत्पादित ऊष्मा = 3 × 2 × 0.4 × 900 = 2160 kJ/दिन (यह मान सौर कुकर के 5.5 घण्टे उपयोग के बराबर है)।
- बॉक्स सौर कुकर का मूल्य 2000 रुपए है।

एक LPG सिलेण्डर की ऊर्जा के बराबर ऊर्जा उत्पादित करने में सौर कुकर को लगने वाले दिनों कि संख्या

$$= \frac{\text{सिलेण्डर की कुल उपयोगी ऊर्जा}}{\text{प्रतिदिन सिलेण्डर द्वारा उत्पादित ऊर्जा}}$$

$$= \frac{367416\ \text{kJ}}{2160\ \text{kJ}}\ \text{प्रतिदिन}$$

= 170 दिन। (इस प्रकार वर्ष में बचाए गए सिलेण्डरों की संख्या = 2.14)

$$\text{पे–बैक–पीरियड} = \frac{\text{सौर कुकर की कीमत}}{\text{प्रति वर्ष बचाई गई ऊर्जा की कीमत}}$$

$$= \frac{2000}{858.3} = 2.33\ \text{वर्ष}$$

इस प्रकार स्पष्ट है कि सौर कुकर का पे–बैक पीरियड 2 से 3 वर्ष है। इस गणना में बढ़ती महँगाई, ब्याज दर, ऊर्जा कीमत की महँगाई, आदि को शामिल नहीं किया है। परन्तु यह एक आकर्षक परिणाम है।

सौर कुकर पे–बैक पीरियड इस बात पर निर्भर करता है कि हम किस ईंधन को विस्थापित कर रहे हैं। उदाहरण के लिए LPG सिलेण्डर लें तो समय 2.5 साल से भी कम है।

4.4.2 डिश सौर कुकर (Dish Type Solar Cooker)

डिश सौर कुकर, बॉक्स सौर कुकर के सिद्धान्त पर ही कार्य करता है। अतः इसमें भी खाना पकाने हेतु सौर विकिरण ऊष्मीय ऊर्जा में परिवर्तित होता है। बॉक्स सौर कुकर में परावर्तक का उपयोग कर प्रकाश केन्द्रित किया जाता है, परन्तु संकेन्द्रित प्रकाश की मात्रा बहुत अधिक नहीं होती है कम प्रकाश संकेन्द्रण के कारण बॉक्स के अन्दर प्रभावी विकिरण शक्ति उत्पन्न नहीं हो पाती है (केवल 80 वॉट), इसी कारण खाना पकने में अधिक समय लगता है। साथ ही अधिकतम तापमान 100°C ही प्राप्त किया जा सकता है, जिसमें खाना तल कर नहीं बनाया जा सकता है। डिश सौर कुकर में इन कमियों को दूर कर लिया गया है। इस कुकर में, सौर विकिरण का संकेन्द्रण कई गुना अधिक होता है (लगभग 20 से 50 गुना), आवश्यकता पड़ने पर इसे अधिक भी किया जा सकता है। यह द्वि विमीय संकेन्द्रण के प्रभाव से है, प्रकाश इसमें दो दिशाओं से आ कर एक बिन्दु पर मिलता है। चित्र 4.6 मे डिश सौर कुकर दर्शाया गया है।

कुकर का संकेन्द्रण अनुपात निम्न तरीके से दर्शाया गया है :

संकेन्द्रण अनुपात = क्षेत्र जिस पर प्रकाश एकत्र होता है।/क्षेत्र जिस पर संकेन्द्रित होता है।

उदाहरण के लिए, यदि संग्राहक की त्रिज्या 1.5 मीटर है व स्पॉट क्षेत्र की त्रिज्या (संग्राहक क्षेत्र) जहाँ प्रकाश का केन्द्रण होता है, 0.30 मीटर है तो संकेन्द्रण अनुपात है।

$$= \left(\frac{\text{संग्राहक त्रिज्या}}{\text{संकेन्द्रक त्रिज्या}}\right)^2$$

$$= \frac{(1.5)^2}{(0.30)^2} = 25$$

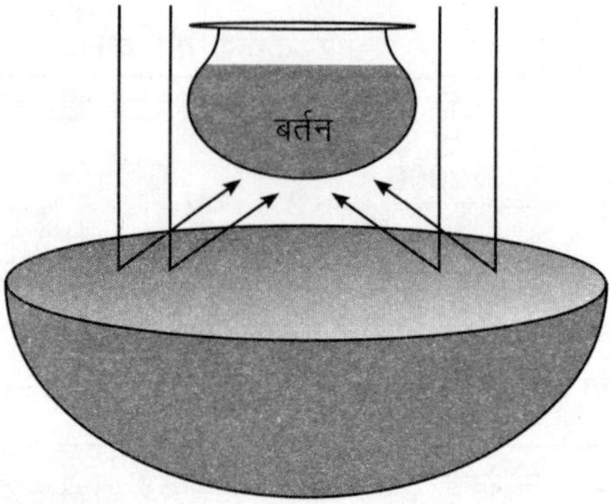

चित्र 4.6 डिश टाइप सोलर कुकर।

> *डिश सौर कुकर में, प्रकाश का संकेन्द्रण 20 से 50 गुना तक प्राप्त किया जा सकता है, जो कि उच्च तापमान देता है व खाना भी जल्दी पकाता है।*

लाभ एवं हानियाँ (Advantages and Disadvantages)

डिश कुकर में, बॉक्स सौर कुकर की अपेक्षा अधिक तापमान (25 गुना अधिक) प्राप्त होता है इस प्रकार बर्तन को अधिक ऊष्मीय ऊर्जा प्राप्त होती है, खाना पकने में कम समय लगता है। अधिक ऊष्मीय ऊर्जा प्राप्त होने से इस कुकर में तलना व बेकिंग भी की जा सकती है। इन कुकरों को भी बड़े परिवारों या बड़े समूहों के लिए खाना पकाने हेतु डिजाइन किया जा सकता है।

डिश सौर कुकर से कुछ हानियाँ भी हैं।

- यह कुकर केवल सीधा विकिरण उपयोग करता है। जबकि पृथ्वी पर पहुँचने वाले सौर विकिरण सीधे विकिरण, व छितरित विकिरण से मिलकर बने होते हैं। संकेन्द्रण के सिद्धान्त के कारण केवल सीधे विकिरण केन्द्रित हो सकते हैं इसका मतलब है कि छितरित विकरण उपयोग नहीं होंगे। जबकि कुल विकिरणों में 10 से 20% छितरित विकिरण होते हैं।
- डिश सौर कुकर में प्रकाश एक बिन्दु पर फोकस किया जाता है। व सूर्य की स्थिति के अनुसार इस बिन्दु की स्थिति बार–बार बदलती रहती है। इस कारण कुकर में फोकस बिन्दु के अनुसार बर्तन की स्थिति बार बार बदलने की आवश्यकता होती है।

अवयव एवं सामग्री

तालिका 4.3 में डिश टाइप सौर कुकर बनाने के लिए आवश्यक विभिन्न सामग्रियों की जानकारी दी गई है।

तालिका 4.3 डिश सोलर कुकर में उपयोग होने वाली सामग्रियों का तुलनात्मक विवरण

सोलर कुकर के अवयव	*महत्त्व*		*बिन्दु*
	सामग्री	*गुण*	
परावर्तक—सपाट काँच शीट या धातु की फॉइल।	ग्लास एनोडाइज्ड एल्युमिनियम।	उच्च तापमान प्राप्त करने हेतु परावर्तन क्षमता उच्च होनी चाहिए।	काँच को गोलाई वाले आकार में प्राप्त करना मुश्किल है साथ ही इसके टूटने का भी डर रहता है अत: अधिकांशत: एनोडाइज्ड एल्युमिनियम का उपयोग किया जाता है परावर्तक सतह को किसी भी तरह की खरोंच से बचाने के लिए इस पर विशेष कोटिंग की जाती है।
सपोर्टिंग स्टैण्ड	GI, माइल्ड स्टील।	डिश को सपोर्ट करने के लिए अच्छी सामग्री।	लम्बे समय तक सुरक्षित रखने के लिए पाउडर की परत चढ़ाई जाती है।
कुकिंग के बर्तन	एल्युमिनियम ताँबा या स्टेनलेस स्टील	विकिरण अवशोषित करने हेतु काले पदार्थ की परत चढ़ी होनी चाहिए।	

खाना पकने में लगने वाले समय का आँकलन

अनुमान

- किसी भी क्षण सीधा सौर विकिरणों—500 W/m^2 (वास्तविक सौर विकिरण की स्थिति 200 W/m^2 (सुबह या शाम को) से 800 W/m^2 (दोपहर में) के बीच परिवर्तित होती है)। इसमें छितरित विकिरणों को नहीं लिया गया है।
- पॉट के क्षेत्र की त्रिज्या = 0.30 मी. = 0.28 मी^{2} क्षेत्रफल

- संग्राहक के अपर्चर की त्रिज्या = 1.5 मी. = 7.05 मी^{2} क्षेत्रफल
- संकेन्द्रण अनुपात = 7.05/0.28 = 25
- संग्राहक की ऑप्टिकल दक्षता = 0.75 (परावर्तक किस पदार्थ का बना है उस पर निर्भर करता है, 90% जितना उच्च होना चाहिए।)
- सौर कुकर की दक्षता = 0.30 (क्षमता 20 से 50 प्रतिशत के बीच हो सकती है।)
- खाना पकाने हेतु आवश्यक कुल ऊर्जा (ताँबे के बर्तन में आधा किलो चावल पकाने हेतु, ऊपर गणना प्रक्रिया दी गई है)

= 386.2 kJ

प्रथम चरण : खाना पकने में आवश्यक ऊर्जा निकालें।

खाना पकने में आवश्यक कुल ऊर्जा (आँकलन प्रक्रिया ऊपर दी गई है।)

= 386.2 kJ

= 386200 kJ

द्वितीय चरण : सौर कुकर को गर्म करने हेतु उपलब्ध सौर विकिरण निकालें।

किसी भी दिए क्षण केवल सीधा सौर विकिरण = 500 W/m^2

फोकस बिंदु पर सौर विकिरणों का घनत्व (Density)

= संकेन्द्रण अनुपात × सीधा विकिरण × संकेन्द्रक की दक्षता

= 25 × 500 × 0.75

= 9375 W/m^2

स्पॉट क्षेत्र (कुकर क्षेत्र) पर वास्तविक सौर विकिरण

= विकिरणों का घनत्व × फोकस बिन्दु का क्षेत्र

= 9375 × 0.28

= 2625 watt

सौर कुकर की दक्षता = 0.30

फोकस बिन्दु पर उपलब्ध वास्तविक शक्ति की मात्रा (वॉटेज) = 2625 × 0.30 = 787.7 watt

> *इस प्रकार डिश सौर कुकर में लगभग 800 वॉट विद्युत ताप कॉयल से मिलने वाली शक्ति के बराबर शक्ति प्राप्त होगी, यह बॉक्स सौर कुकर से लगभग 10 गुना ज्यादा है।*

तृतीय चरण : खाना पकने में लगने वाला कुल समय।

खाना पकाने हेतु आवश्यक कुल समय (ताँबे के बर्तन में यदि आधा किलो चावल पकाया जाए, जिस तरह बॉक्स टाइप सौर कुकर में आँकलन किया गया था)।

= खाना पकाने हेतु आवश्यक कुल ऊर्जा/वॉटेज की वास्तविक उपलब्ध मात्रा

= (यहाँ 1 Wh = 3600 J रुपान्तरित घटक)

$$= \frac{386200}{787.7 \times 3600}$$

= 0.13 hours

टिप्पणी : खाना पकने में लगने वाला समय निकालते समय फोकस बिन्दु को अपरिवर्तित माना गया है, जबकि सूर्य की गति के साथ यह बिन्दु हर क्षण बदलता है। डिश सौर कुकर को सही तरीके से उपयोग करने हेतु कुकर की भी स्थिति भी जल्दी-जल्दी (लगभग 15 मिनट में) परिवर्तित करने की आवश्यकता है। जब खाना पकाने का बर्तन फोकस बिन्दु पर रखा जाता है तब यह लगभग 300–400°C गर्म हो जाता है (जितना तापमान गैस से खाना पकाने वाले बर्नर का होता है) अतः उबालना, भूनना, तलना आदि इस कुकर में संभव है।

पे-बैक पीरियड (Simple Pay-back Period)

जिस तरह बॉक्स सौर कुकर के पे-बैक पीरियड की गणना की गई है। उसी तरह यहाँ भी की जा सकती है, एक संकेन्द्रण सौर कुकर (छिद्र का व्यास 1.5 मी.) 6500 रूपए कीमत में उपलब्ध है। इतने ही बड़े डिश सौर कुकर में 5 से 6 (60 से 70 प्रतिशत कुकिंग आवश्यकता में) लोगों का खाना दैनिक रूप से पक सकता है। अतः 8 से 10 LPG सिलेण्डर प्रति वर्ष बचाए जा सकते हैं। इस प्रकार साधारण गणना से निकाला जाए तो इस कुकर का पे-बैक पीरियड लगभग 2 वर्ष है।

4.4.3 ऊष्मा स्थानांतरण सौर कुकर (Heat Transfer Type Solar Cooker)

ऊष्मा स्थानांतरण सौर कुकर व डिश सौर कुकर में बहुत-सी समानताएँ हैं अतः इसमें भी सौर विकिरण उच्च संकेन्द्रण अनुपात में केन्द्रित होते हैं। इस कुकर में संकेन्द्रण अनुपात डिश कुकर की अपेक्षा अधिक होता है। अतः स्पष्ट है कि इसमें बड़े आकार की संकेन्द्रण डिश का उपयोग होता है। इन दोनों कुकर में अंतर यह है कि इन्हें अलग तरह के क्षेत्रों में व्यवस्थित किया जाता है। खाना पकाने के लिए इसे अधिक उपयुक्त जगह जैसे किचन के लिए व्यवस्थित किया जा सकता है। इस प्रकार इसमें उत्पन्न ऊष्मा को आवश्यकतानुसार स्थानांतरित किया जा सकता है (जैसे चित्र 4.7 में दर्शाया गया है)। इस प्रकार, इस कुकर की मदद से सुविधा यह है कि तेज सूर्य प्रकाश में खाना नहीं पकाना पड़ेगा। ऊष्मा का स्थानान्तरण कुछ विधियों द्वारा किया जा सकता है।

- द्वितीयक परावर्तकों का उपयोग कर ऊष्मा स्थानान्तरित की जा सकती है।
- ऊष्मा, किसी माध्यम (तरल) को गर्म करके स्थानान्तरित कर सकते हैं।
- भाप उत्पन्न कर उसे उपयोग वाले स्थान पर भेजा जा सकता है इस तरीके से ऊष्मीय ऊर्जा भाप या तरल से उत्पन्न कर खाना पकाने में उपयोग की

जा सकती है। इस प्रक्रिया से ऊष्मा को कई संग्राहकों से एकत्र कर, एक ही स्थान पर उपयोग किया जा सकता है। ऊष्मा स्थानान्तरण प्रक्रिया से बहुत बड़े स्तर पर खाना पकाना संभव है।

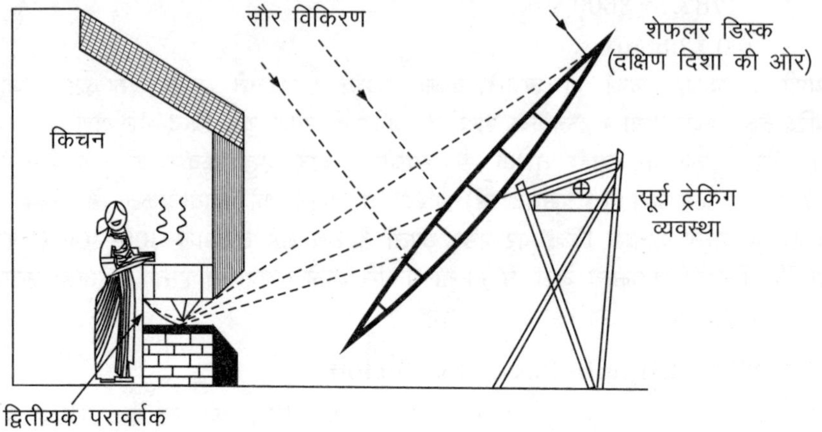

चित्र 4.7 ऊष्मा स्थानान्तरण सौर कुकर।

जैसा कि उपरोक्त चित्र में दर्शाया गया है प्राथमिक परावर्तक की दिशा दक्षिण दिशा में है जो कि सूर्य विकिरण को फोकस बिन्दु पर केन्द्रित करता है। द्वितीयक परावर्तक की दिशा उत्तर की तरफ है। द्वितीयक परावर्तक खाना पकाने वाले स्थान के नीचे या आधार पर स्थित है। सारे संकेन्द्रित सौर विकिरण द्वितीयक परार्वतक द्वारा खाना पकाने के बर्तन की तरफ परावर्तित होते हैं। उच्च संकेन्द्रण अनुपात होने से इस संयंत्र से 450°C तक तापमान प्राप्त किया जा सकता है। उच्च तापमान होने से इस कुकर में खाना न केवल उबाल कर, बल्कि भून कर व तल कर भी बनाया जा सकता है। सौर विकिरणों की दिशा बदलने से, फोकस बिन्दु भी समय के साथ बदलता रहता है अतः संग्राहकों की स्थिति भी उसी के अनुसार बदलने की आवश्यकता है। सूर्य ट्रेकिंग सिस्टम द्वारा इस कमी को दूर कर लिया गया है। सूर्य ट्रेकिंग सिस्टम, विकिरणों के संग्रहण हेतु एक अतिरिक्त आवश्यकता है। इसके लगाने में एक नुकसान भी है। इसके लिए अतिरिक्त स्थान व सही रखरखाव की जरूरत होती है। साथ ही इसके खराब होने पर खाना पकाना संभव नहीं है।

ऊष्मा स्थानान्तरण कुकर में उत्पन्न ऊष्मीय ऊर्जा को खाना पकाने के उपयुक्त स्थान पर स्थानान्तरित किया जा सकता है, जैसे रसोईघर में।

4.5 सौर आसवन संयंत्र (Solar Distillation System)

जल के बिना मानव जीवन असम्भव है। स्वच्छ जल आज हमारी मुख्य आवश्यकताओं में से एक है। पहले स्वच्छ जल नदियों झीलों, तालाबों में प्रचुर मात्रा में उपलब्ध था, परन्तु अब औद्योगीकरण व बढ़ती जनसंख्या के कारण यह जल स्वच्छ व पीने योग्य

नहीं रह गया है। कृषि के अन्तर्गत अधिक उत्पादन प्राप्त करने के लिए अत्यधिक रासायनिक खादों के उपयोग से भी जल की गुणवत्ता पर विपरीत असर पड़ा है। साथ ही औद्योगिक अपशिष्ट व मल–मूत्र आदि की सही निकासी न होने से भी जल प्रदूषित हो रहा है। यह अनुमान है कि दुनिया में लगभग 2 बिलियन लोगों को स्वच्छ पीने का जल उपलब्ध नहीं है, जिसका परिणाम है कई तरह की बीमारियाँ व अवरुद्ध व्यक्तिगत विकास।

4.5.1 जल की विभिन्न श्रेणियाँ (Water Categories)

पृथ्वी की सतह का 70% से अधिक भाग जल द्वारा ढँका हुआ है, इस प्रकार समुद्र के रूप में जल का बहुत बड़ा स्त्रोत उपलब्ध है, परन्तु समुद्र का जल खारा है जिसमें कई तरह के लवण मिले हुए हैं व यह मानव के लिए पीने योग्य नहीं है। समुद्र के जल में बहुत से लवण जैसे क्लोराइड, सोडियम, सल्फेट, मैग्नीशियम, पौटेशियम आदि होते हैं। जिसमें क्लोराइड लगभग 55%, सल्फेट 31% होते हैं। जल में रसायन की सान्द्रता के आधार पर जल को चार श्रेणियों में बाँटा जा सकता है जो तालिका 4.4 में प्रदर्शित है।

तालिका 4.4 जल की विभिन्न श्रेणियों का वर्गीकरण
(पानी में लवणों की सान्द्रता के आधार पर)

शुद्ध जल	*मैग्नीशियमयुक्त जल*	*सल्फेटयुक्त जल*	*क्लोराइडयुक्त जल*
< 0.5% (< 500 ppm*)	0.5–30%	30–50%	> 50%

*पार्ट्स पर मिलियन की अशुद्धता।

लवणीय जल के अलावा इसमें बहुत से अवांछनीय तत्व भी होते हैं, जैसे बैक्टीरिया (ई–कोलाई, कॉलेरा) परजीवी (जैसे क्रिप्टोस्पोरीडियम) व भारी धातुएँ (जैसे—Pb, Cd, Hg) आदि।

भारत के अधिकांश भागों में पीने के लिए स्वच्छ जल उपलब्ध नहीं है। भारत में स्वच्छ जल के स्त्रोत अपर्याप्त हैं। यहाँ अलग–अलग भौगोलिक स्थानों के अनुसार पीने के जल में विभिन्न रासायनिक तत्व, सूक्ष्मजीव आदि हैं। इस जल को पीने लायक बनाने के लिए इसे शुध्द करना जरूरी है।

> *स्वच्छ जल मानव जीवन की आधारभूत आवश्यकताओं में से एक है, परन्तु भारत ही नहीं बल्कि विश्व के अधिकांश भागों में पीने योग्य स्वच्छ जल उपलब्ध नहीं है।*

4.5.2 आसवन : जल साफ करने की प्राकृतिक प्रक्रिया (Distillation : Natural Process for Purifying Water)

लवणीय या खारे जल को स्वच्छ जल में बदलने के लिए बहुत–सी प्रक्रियाएँ होती हैं। जिसमें शामिल हैं रिवर्स ऑस्मोसिस, आसवन व इलेक्ट्रोडायलिसिस। इनमें आसवन

सबसे आसान व अधिकांशतः उपयोग की जाने वाली प्रक्रिया है। विश्व भर में अलवणीयकरण की प्रक्रियाओं में 90 प्रतिशत आसवन का उपयोग किया जाता है।

आसवन की प्रक्रिया में जल का वाष्पीकरण होता है इस वाष्प में केवल स्वच्छ जल के अणु वाष्प के रूप में ऊपर होते हैं, बाकी अशुद्धियाँ व सूक्ष्मजीव नीचे रह जाते हैं। इस वाष्प को ठण्डा कर स्वच्छ जल प्राप्त किया जाता है। इस आसवन की प्रक्रिया में ऊर्जा, विद्युत या ताप द्वारा दी जा सकती है। चूँकि जल के वाष्पीकरण में लगभग 100°C तापमान की आवश्यकता होती है, अतः सौर विकिरण द्वारा आसानी से इतना तापमान प्राप्त किया जा सकता है। आसवन में सौर तापीय ऊर्जा के उपयोग की प्रक्रिया, पृथ्वी पर होने वाले वर्षा चक्र की तरह ही है। पृथ्वी पर गिरने वाले विकिरणों से जल का वाष्पीकरण होता है, जिससे बादल बनते हैं, ये बादल किसी ठण्डे स्थान पर ठण्डे होकर वर्षा कराते हैं व पृथ्वी पर जल वापिस लाते हैं। इसी प्रकार आसवन प्रक्रिया भी कार्य करती है व इस प्रक्रिया से कई अवांछनीय पदार्थ हट जाते हैं, कुछ अशुद्धियाँ निम्न हैं—

- सॉल्ट व खनिज—Na, Ca, As, Fl, Fe, Mn आदि।
- बैक्टीरिया—ई.कोलाई, कॉलेरा आदि।
- परजीवी—गिआर्डिया, क्रिप्टोस्पोरीडियम आदि।
- भारी धातुएँ—Pb, Cd, Hg, आदि।

जल स्वच्छ करने या अलवणीयकरण की प्रक्रिया में आसवन सबसे आसान व सबसे ज्यादा उपयोग होने वाली प्रक्रिया है।

सौर जल आसवन तकनीक का लम्बा इतिहास है। इस तकनीक के संयंत्र लगभग 2000 साल पहले बना लिए गए थे, परन्तु उन्हें नमक बनाने के लिए उपयोग किया जाता था, न कि पीने का जल प्राप्त करने में। इतिहास के दस्तावेजों के अनुसार सौर भभका (solar still) का उपयोग सोलहवीं शताब्दी में सबसे पहले किया गया था। सबसे पहले बड़े स्तर पर सौर भभका 1872 में बनाया गया था, इससे चिली में माइनिंग कामगारों के लिए पीने का जल पहुँचाया जाता था। द्वितीय विश्व युद्ध के दौरान बड़े स्तर पर अधिक मात्रा में प्लास्टिक स्टिल बनाएँ गए (200,000) जिन्हें US-नेवी में लाइफ-क्रॉफ्ट में उपयोग किया जाता था।

भारत में सूर्य का प्रकाश प्रचुर मात्रा में उपलब्ध है। भारत के अधिकांश भागों में लगभग 300 प्रकाशीय दिन होते है। फलतः दैनिक सौर विकिरण की मात्रा 4 से 7 kWh/m^2 होती है। अतः सौर आसवन तकनीकों को प्रभावी रूप से अपनाया जा सकता है। सौर आसवन यन्त्र को बनाना व स्थापित करना एक बहुत ही आसान प्रक्रिया है। साथ की यह आर्थिक दृष्टि से भी उपयुक्त है।

भारत में सौर आसवन संयंत्र बनाना व स्थापित करना बहुत ही आसान प्रक्रिया है व आर्थिक दृष्टि से भी फ़ायदेमंद है।

4.6 सौर आसवन की कार्यप्रणाली (Operation of Solar Distillation)

एक सौर भभका, वर्षा जल चक्र के सिद्धान्त पर ही कार्य करता है। यह प्रक्रिया दो क्रमों में होती है, वाष्पीकरण (evaporation) व संघनन (condensation)। इस प्रकार सौर भभका जिस सिद्धान्त पर आधारित है, वह बहुत ही सामान्य परन्तु प्रभावी है। सूर्य के प्रकाश की ऊर्जा जल को वाष्पीकरण के बिन्दु तक गर्म कर देती है। ये वाष्प हल्की होकर ऊपर उठती है और ग्लास की सतह पर इसकी बूँदें ठण्डी होकर संघनित हो जाती हैं, जिन्हें इकट्ठा कर लिया जाता है (चित्र 4.8 देखें)। इस प्रक्रिया में सारी अशुद्धियाँ भारी धातुएँ, व सूक्ष्मजीव नीचे रह जाते हैं। अन्त में जो जल प्राप्त होता है वह बारिश के जल से भी अधिक स्वच्छ होता है। सौर भभका (solar still) का रेखाचित्र चित्र 4.8 में दर्शाया गया है।

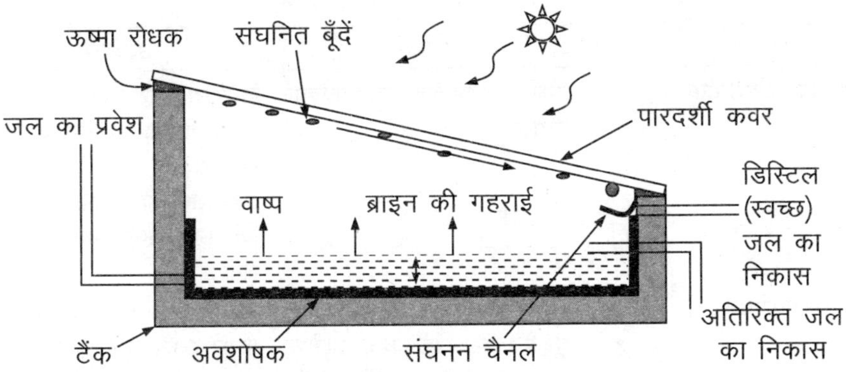

चित्र 4.8 सिंगल बेसिन सौर भभका का रेखाचित्र।

एक बेसिन सौर-भभका में सबसे ऊपर काँच का पारदर्शी कवर लगा होता है। इसके अन्दर की सतह एक वॉटरप्रूफ झिल्ली की बनी होती है। साथ ही अन्दर की सतह काले रंग के पदार्थ की बनी होती है, जिससे अधिक से अधिक सूर्य का प्रकाश अवशोषित हो सके। बेसिन के ऊपर लगे काँच का कवर विजिबल प्रकाश के लिए पारदर्शी परन्तु पराबैंगनी विकिरण के लिए अपारदर्शी होता है। इस प्रकार काँच के कवर में से दृश्य सौर विकिरण बेसिन में पहुँच जाते हैं, जो कि अन्दर की काली सतह द्वारा अवशोषित कर लिए जाते हैं। फलतः बेसिन का तापमान बढ़ जाता है। कम तापमान पर वस्तु भी परालाल क्षेत्र पर विकिरण उत्सर्जित करती है। यह काँच का कवर परालाल विकिरणों को भी अवशोषित कर बेसिन में परावर्तित कर देता है। इस प्रकार सूर्य प्रकाश का अधिकतम भाग अवशोषित हो जाता है।

यह प्रक्रिया ग्रीन हाउस प्रभाव के समान ही होती है। इस वजह से जल 10 से 20°C के तापमान में गर्म हो जाता है व वाष्पीकरण की दर बढ़ जाती है। यह वाष्प बेसिन में बनती है व ग्लास कवर के अन्दर छोटी-छोटी बूँदों के रूप में संघनित हो जाती है। ग्लास कवर के अन्दर यह संघनन प्रक्रिया इसलिए होती है, क्योंकि ग्लास कवर के बाहर का तापमान कम होता है। ये जल की बूँदें छोटी-छोटी संग्राहक नलियों द्वारा एकत्र

कर ली जाती हैं इन्हें बाहर ही इकट्ठा किया जा सकता है। इस प्रक्रिया में, जल में उपस्थित लवण व सूक्ष्मजीव नीचे छूट जाते है। संघनित जल ढाल वाले ग्लास कवर की सतह से सरकता हुआ अन्दर द्रोणिका में इकट्ठा हो जाता है व बाहर एक बॉट्ल में इकट्ठा कर लिया जाता है।

सौर भभका के लम्बे अक्ष को पूर्व-पश्चिम दिशा में रखना चाहिए जिससे ग्लास की ढाल दक्षिण दिशा में हो।

4.6.1 अवयव एवं विशेषताएँ (Components and Specifications)

सौर भभका के विभिन्न भाग एवं विशेषताएँ तालिका 4.5 में देखें।

तालिका 4.5 सौर भभका के विभिन्न भाग एवं विशेषताएँ

संयंत्र के अवयव	*स्पष्टीकरण*	
	सामग्री	*उद्देश्य*
जल का बेसिन/टैंक	सीमेण्ट कॉंक्रीट या फाइबर ग्लास	लवणीय खारे जल का कन्टेनर (ईंट—सीमेण्ट का उपयोग किया जा सकता है, आधार पर ऊष्मारोधी होना चाहिए, जिससे कि ऊष्मा हानि को रोका जा सके।)
ऊष्मा—अवरोधन	PUF (polyurethan foam), पुट्टी, टार, सिलिकॉन सीमेण्ट	ऊष्मा हानि को रोकने हेतु (दरार आदि नहीं होना चाहिए अन्यथा भाप का लीकेज हो सकता है।)
पारदर्शक कवर	ग्लास या पॉलीइथीलीन	पारदर्शक होने से सूर्य के प्रकाश को नहीं रोकता (कॉंच भारी होता है, व टूटने का डर होता है। पॉलीइथीलीन की पारगम्यता कम होती है इसमें एक विशेष पदार्थ की सतह लगानी पड़ती है जिससे यह गीला हो सके)
अवशोषक	काली ब्यूटील, रबर, काली पॉलीइथीलीन, या इन्क या डाइ	ऊष्मा अवशोषित करने हेतु (100°C जितना उच्च तापमान सह सकने वाला पदार्थ होना चाहिए)
संघनन चैनल	एल्युमिनियम गैल्वेनाइज्ड आयरन	जल की बूँदों के संग्रह हेतु
जल का प्रवेश	PVC पाइप	लवणीय जल सप्लाई करने हेतु
अतिरिक्त जल का निकास	PVC पाइप	जल निकालने हेतु
स्टोरेज पॉट	ग्लास, प्लास्टिक	आसवित जल के संग्रह हेतु

4.6.2 सौर भभका का डिजाइन एवं कीमत (Solar-Still Design and Costing)

आवश्यक ऊर्जा और दक्षता (Energy Requirement and Efficiency)

जल के वाष्पीकरण के लिए लेटेण्ट ताप की आवश्यकता होती है। लेटेण्ट ताप (latent heat) वह ताप है जो किसी पदार्थ को उसकी अवस्था बदलने में आवश्यक होती है। जैसे ठोस से तरल या तरल से गैस या उल्टा। जल के वाष्पीकरण के लिए लेटेण्ट ताप लगभग 2260 kJ प्रति किलोग्राम होता है (kJ/kg)। इससे स्पष्ट है कि आसवन द्वारा 1 लीटर जल प्राप्त करने के लिए 2260 kJ तापीय ऊर्जा की आवश्यकता होती है (माना कि जल का घनत्व 1 kg/litre है)। परन्तु वास्तव में सौर-भभका की 100% दक्षता प्राप्त करने के लिए और अधिक तापीय ऊर्जा की आवश्यकता होती है।

सामान्यतः चालन, संवहन व विकिरण के द्वारा तापीय ऊर्जा की हानि होती है। सौर-भभका में भी कई तरह से ऊष्मा हानि संभव है, जैसे भाप के लीकेज से, नीचे की सतह से, चारों तरफ की सतह से चालन द्वारा, काँच के कवर से विकिरण द्वारा कवर अवशोषित ऊर्जा इत्यादि। कुल ऊष्मा की हानि 40 से 60 प्रतिशत तक हो सकती है। इस प्रकार आँकड़ों के अनुसार सौर-भभका की दक्षता 30% से 45% प्रतिशत के बीच होती है।

> *विभिन्न ऊष्मा हानि प्रक्रियाओं की वजह से सौर-भभका की प्राप्त दक्षता 30 से 45% होती है।*

सौर-भभका की बनावट (Design of the Solar Still)

सौर-भभका की बनावट बहुत ही साधारण व सरल है। बनावट की चर्चा करने का उद्देश्य यह है कि इससे ज्ञात हो जाता है कि प्रतिदिन एक वर्ग मीटर क्षेत्र से कितना आसवित जल प्राप्त होगा व हमारी आवश्यकता पूरी करने हेतु कितने क्षेत्र की जरूरत होगी। निम्नांकित अनुमानों द्वारा अंदाजा लगाया जा सकता है :

- जल वाष्पीकरण की लेटेण्ट ऊष्मा—2260 kJ/kg (जल से वाष्प अवस्था प्राप्त करने हेतु आवश्यक ऊर्जा)
- जल का घनत्व—1 kg/litre
- सौर-भभका की दक्षता—0.30 (30 प्रतिशत, बनावट के अनुसार बदल भी सकती है)
- किसी क्षेत्र पर औसत दैनिक सौर विकिरण—6 kWh/m^{-2} day (यह आँकड़ा मौसम व क्षेत्र विशेष के अनुसार बदल सकता है)
- प्रतिदिन आसवित जल की आवश्यकता 15 लीटर (5 सदस्यीय परिवार के पीने व खाना पकाने हेतु)

प्रथम चरण : उपयोगी सौर विकिरण ज्ञात करें

दैनिक उपलब्ध सौर विकिरण = 6 kWh/m^2–day

उपयोगी सौर विकिरण (जो वास्तव में जल को आसवित करने के लिए ऊर्जा देते हैं)

$$= \text{दैनिक सौर विकिरण} \times \text{सौर–भभका की दक्षता}$$

$$= 6 \times 0.3 = 1.8 \text{ kWh/m}^2\text{–day}$$

(Wh को Joules में बदलने पर, 1 Wh = 3600 Joules)

$$= 6480 \text{ kJ/m}^2\text{–day}$$

द्वितीय चरण : प्रति दिन प्रति वर्ग मीटर द्वारा उत्पादित आसवित जल (लीटर में)

जल वाष्पीकरण की लेटेण्ट ऊष्मा = 2260 kJ/kg

संयंत्र की दक्षता के अनुसार प्रतिदिन प्रति वर्ग मीटर द्वारा उत्पादित आसवित जल

$$= \frac{\text{उपयोगी सौर विकिरण}}{\text{जल वाष्पीकरण की लेटेण्ट ऊष्मा}}$$

$$= \frac{6480}{2260}$$

$$= 2.68 \text{ litres/m}^2\text{–day}$$

तृतीय चरण : आवश्यकता पूरी करने हेतु सौर–भभका का कुल क्षेत्रफल

प्रतिदिन आवश्यक आसवित जल की कुल मात्रा = 15 लीटर/दिन

एक परिवार की आवश्यकता पूरी करने के लिए सौर–भभका का कुल क्षेत्रफल

$$= \frac{\text{कुल दैनिक आवश्यकता}}{\text{प्रतिदिन प्रति वर्ग मीटर द्वारा उत्पादित जल (लीटर में)}}$$

$$= \frac{15}{2.86}$$

$$= 5.23 \text{ m}^2$$

उपरोक्त आँकड़े निम्न सूत्र द्वारा भी निकाले जा सकते हैं—

$$A = \frac{Q \times 2.26}{G \times E}$$

यहाँ

A = आवश्यक कुल आसवन क्षेत्र

Q = प्रतिदिन आवश्यक कुल आसवित जल

G = दैनिक सौर विकिरण MJ/m^2–day में

E = सौर–भभका की दक्षता (दशमलव में)

सौर–भभका के कार्य को प्रभावित करने वाले कारक (Parameters Affecting the Solar Still Performance)

एक सौर–भभका (solar still) के कार्य परिणामों को बहुत से कारक प्रभावित करते हैं, जैसे जलवायु की स्थिति, कार्यरत उपकरण, बनावट आदि। जलवायु की स्थिति के अन्तर्गत सौर विकिरण, वातावरणीय हवा का तापमान, हवा की गति, आसमान की स्थिति आदि आते हैं। बनावट के कारकों के अन्तर्गत भभका में उपयोग किए गए

सामान के भौतिक तापीय गुण, ग्लास–कवर की ढाल का कोण, निचली सतह का तापरोधन इत्यादि आते हैं। कार्यरत उपकरणों के अन्तर्गत बेसिन में जल की गहराई, जल की लवणता, जल का आरम्भिक तापमान आते हैं।

कुछ मुख्य कारकों की चर्चा नीचे की गई है :

उपलब्ध सौर विकिरण (Solar Insolation Available): एक सौर–भभका की कार्यदक्षता क्षेत्र विशेष पर गिरने वाले सौर विकिरण की मात्रा पर निर्भर करती है। किसी दिए तापमान पर उपलब्ध, उच्च सौर विकिरण का परिणाम है अधिक मात्रा में आसवित जल। इस प्रकार जितने अधिक सौर विकिरण, उतनी ही अधिक सौर–भभका की कार्य दक्षता।

वायु वेग (Wind Velocity): यदि वायु–वेग या गति अधिक होगी तो ऊष्मा हानि भी अधिक होगी, जिसका परिणाम होगा, कम कार्य दक्षता व कम आसवित जल। अतः वायु वेग जितना कम होगा, सौर भभका की दक्षता उतनी ही अधिक होगी।

वातावरणीय वायु का तापमान (Ambient Air Temperature): यह तापमान अधिक होने पर सौर–भभका की कार्य दक्षता भी बढ़ेगी, क्योंकि इससे ऊष्मा हानि कम होगी। अतः जितना अधिक वातावरणीय वायु तापमान होगा उतनी ही अधिक सौर–भभका की कार्य दक्षता होगी।

ब्राइन की गहराई (Brine Depth): ब्राइन की गहराई बढ़ने के साथ सौर–भभका की उत्पादकता कम होती जाती है। अतः ब्राइन की गहराई जितनी कम होगी उतनी ही सौर–भभका की कार्य दक्षता बढ़ेगी।

काँच के कवर का ढलाव (Slope of the Glass Cover): काँच के कवर का कम ढलाव उत्पादकता बढ़ाता है, परन्तु यह कोण से कम से कम 10 से अधिक होना चाहिए क्योंकि यदि कोण बहुत कम होगा तो संघनित जल की बूँदें बेसिन में ही गिर जाएँगी। अतः सौर–भभका सतह से 20–30° पर झुका होना चाहिए।

काँच एवं उसका कोण (Glass Material and Angle): काँच के कवर का ढलाव इतना होना चाहिए कि संघनित जल की बूँदें सरकती हुई संग्राहक नालियों में चली जाएँ। काँच का कवर ऐसे पदार्थ का बना होना चाहिए जो प्रकाश किरणों को पार होने दे व खुद कम अवशोषित और परिवर्तित करे।

> *एक सौर भभका में काँच का कवर सतह से 20°C से 30°C के कोण पर झुका होना चाहिए।*

4.6.3 सौर भभका (आर्थिक दृष्टि से) (Economics of Solar Still)

नीचे दिए गए उदाहरण की तरह बैटरी के रखरखाव हेतु उपयोग किए गए आसवित जल की मात्रा की गणना कर, सौर–भभका का पे–बैक पीरियड निकाला जा सकता है। सेक्शन 4.6.2 में दर्शायी गणना के अनुसार एक 30% दक्षता का सौर–भभका प्रति वर्ग मीटर से 2.86 लीटर प्रति दिन उत्पादित करेगा, यदि दैनिक सौर विकिरण 6 kWh/m^2–day हो।

सौर-भभका इकाई के पे-बैक पीरियड की गणना
(Calculation of Payback Period for Solar Distill Unit)

प्रति इकाई क्षेत्रफल द्वारा दैनिक उत्पादित आसवित जल

दैनिक = 2.86 लीटर/दिन

एक वर्ग मीटर क्षेत्रफल के लिए सौर आसवन के निर्माण मे लगी कीमत

$$= 1500/m^2$$

बाजार में आसवित जल का मूल्य = 10 रू./लीटर

प्रतिदिन उत्पादित आसवित जल का मान (लाभ)

$$= 2.86 \times 10 = 28.6 \text{ रू./दिन}$$

सौर आसवन की कीमत वसूलने हेतु दिनों की आवश्यक संख्या

$$= \frac{\text{निर्माण में लगी कीमत}}{\text{प्रतिदिन प्राप्त मान (लाभ)}}$$

$$= \frac{1500}{28.6} = 52.31 \approx 53 \text{ दिन}$$

इस प्रकार स्पष्ट है कि सौर आसवन का पे-बैक पीरियड 2 से 3 माह है।

रखरखाव व सावधानियाँ (Maintenance and Troubleshooting)

एक सौर-भभका से अच्छे परिणाम प्राप्त करने के लिए कुछ सावधानियाँ आवश्यक हैं ; ये निम्नांकित हैं :

बेसिन की सफाई एवं फ्लशिंग (Cleaning the Basin and Flushing): जब सौर-भभके से जल वाष्पीकृत होता है, तब लवण व अन्य अशुद्धियाँ नीचे रह जाती हैं। यदि बेसिन की लगातार फ्लशिंग व सफाई न की जाए तो इन अशुद्धियों की मोटी-परत बन सकती है। जो भभके के कार्य पर विपरीत असर डाल सकती है। सौर-भभका सही तरीके से काम करता रहे इसके लिए आसवित जल से तीन गुना अधिक जल भभके में होना जरूरी है। यदि भभके से 2 लीटर जल प्राप्त करना है, तो 6 लीटर जल डालना जरूरी है। इस अतिरिक्त 4 लीटर जल में अशुद्धियाँ व सॉल्ट फ्लश द्वारा बाहर निकल जाते हैं, व बेसिन में जमा नहीं हो पाते।

ग्लास व संघनन चैनल (Cleaning the Glass and Condensate Channel): ग्लास व संघनन चैनल या ट्यूब की सफाई जरूरी है बेसिन के काँच के कवर पर कभी भी धूल की परत नहीं जमा होनी चाहिए क्योंकि ये धूल कण सौर विकिरण अवशोषित कर सौर-भभका की कार्य दक्षता घटा सकते हैं। अतः समय-समय पर ग्लास कवर की सफाई होना जरूरी है। सफाई करते वक्त ग्लास में दरार नहीं आना चाहिए, नहीं तो भाप लीकेज होगी। इसी तरह संघनन चैनल की भी समय-समय पर सफाई होनी जरूरी है। ग्लास कवर को आसवन से या अन्य स्वच्छक द्रव से साफ किया जा सकता है।

> *सौर-भभका के अच्छे कार्य परिणाम प्राप्त करने के लिए, बेसिन, ग्लास कवर व संघनन चैनल की समय-समय पर सफाई जरूरी है।*

4.7 सौर उष्णक संयंत्र (गर्म जल हेतु) (Solar Heating System–Hot Water)

सौर ऊर्जा के आर्थिक उपयोग के लिए, विकिरणों को ऊष्मीय ऊर्जा में परिवर्तित किया जाता है। इस ऊष्मीय ऊर्जा से सीधे बहुत से कार्य किए जा सकते हैं। ऊष्मीय ऊर्जा, सौर ऊर्जा से सीधे प्राप्त की जा सकती है, जबकि अन्य अक्षय स्त्रोत जैसे बॉयोमास में उपयोगी ऊर्जा (जैसे विद्युत) प्राप्त करने के लिए कई माध्यमिक क्रियाएँ करनी पड़ती हैं।

भारत में सौर ऊर्जा प्रचुर मात्रा में उपलब्ध है, व सौर ऊर्जा से ऊष्मीय ऊर्जा सीधे तरीके से बिना किसी मध्य प्रक्रिया के प्राप्त की जा सकती है। भारत के अधिकांश भागों में प्रतिवर्ष 300 प्रकाशीय दिन (sunny days) होते हैं अतः दैनिक औसत सौर विकिरण की मात्रा 4 से 7 kWh/m^2–day होती है। इस प्रकार भारत की जलवायु सौर ऊष्मक संयंत्रों के अनुकूल है, व आर्थिक दृष्टि से भी उपयोगी है।

4.7.1 ऊष्मा परिर्वतन का सिद्धान्त (Principle of Heat Conversion)

सौर विकिरण से ऊष्मीय ऊर्जा परिवर्तन का सिद्धान्त बहुत सरल है। जब भी कोई वस्तु सूर्य के प्रकाश के सम्पर्क में आती है तो यह कुछ विकिरण परावर्तित कर देती है व कुछ अवशोषित कर लेती है, जो कि ऊष्मीय ऊर्जा में परिवर्तित हो जाते हैं। इस क्रिया के हमें दैनिक अनुभव भी होते हैं, विशेषतः गर्मियों में कोई वस्तु यदि सूर्यप्रकाश में रखी हुई है तो छूने पर गर्म महसूस होती है।

इस प्रकार ऊष्मीय ऊर्जा प्राप्त करने हेतु सौर विकिरणों का अवशोषण जरूरी है व हमें ऐसे पदार्थ का उपयोग करना होगा जो अधिक सौर विकिरण परावर्तित न करे व विकिरण पार न होने दे। साथ ही हमें ऐसे पदार्थ की भी आवश्यकता है जिससे ऊष्मीय ऊर्जा को आवश्यक स्थान या माध्यम तक स्थानान्तरित किया जा सके (जैसे जल व हवा द्वारा)। अवशोषक पदार्थ, एक अच्छा ऊष्मा चालक भी होना चाहिए। इस प्रकार सौर उष्णक संयंत्र के सिद्धान्त में सौर विकिरणों का अवशोषण व ऊष्मा चालकता (ऊष्मा स्थानांतरण हेतु) दोनों गुण शामिल हैं।

4.7.2 उपयोग (Applications)

सौर उष्णक संयंत्र द्वारा उत्पादित ऊष्मीय ऊर्जा के उपयोग को दो श्रेणियों मे बाँटा जा सकता है–

- घरेलू उपयोग
- औद्योगिक उपयोग

घरेलू उपयोग में मुख्यतः जल गर्म करने व कमरे गर्म (ऐसे देशों में जहाँ वातावरणीय तापमान बहुत कम हो जाता है) करने में उष्णीय संयंत्र उपयोग किए जाते हैं। जबकि औद्योगिक उपयोगों में तापन, शीतलन व ड्राइंग (सुखाना) आदि आते हैं।

विभिन्न उपयोगों में अलग-अलग तापमान की आवश्यकता होती है जो 50 से 400°C के बीच होता है। इस प्रकार विभिन्न तापमान वाले सौर उष्णक संयंत्र डिजाइन किए गए हैं जो बाजार में उपलब्ध हैं। समान सिद्धान्त पर विद्युत उत्पादक संयंत्र भी कार्य करते हैं, जिसमें 1000°C तक के तापमान की आवश्यकता होती है। इस अध्याय में शक्ति उत्पादन के विषय में चर्चा नहीं की गई है।

4.7.3 सौर जल उष्णक की कार्य प्रणाली (सपाट प्लेट) (Operation of Solar Water Heater–Flat Plate)

एक सपाट प्लेट (flat plate solar water heater) सौर जल उष्णक संयंत्र के उपयोग से जल को 60 से 70°C तक गर्म किया जा सकता है, यह घरेलू व औद्योगिक जरूरतों के लिए उपयोग किया जाता है। एक अच्छा डिजाइन किया हुआ संयंत्र कम कीमत में अधिक समय तक ऊष्मा प्रदान कर सकता है। एक सपाट प्लेट संयंत्र बनावट में सरल होता है व अन्य संग्राहकों की अपेक्षा इसका निर्माण एक आसान प्रक्रिया है। इसमें सौर विकिरण संग्राहक व अवशोषक (मुख्यतः धातु), ग्लास कवर, ऊष्मा अवरोधक सामग्री, पाइप व स्टोरेज टैंक होते हैं।

एक सौर जल उष्णक का मुख्य भाग इसका अवशोषक (absorbers) होता है, जो सूर्य की किरणों से ऊर्जा पैदा करता है। इसमें अवशोषक पदार्थ एक सपाट धातु की शीट होती है। जल को ले जाने वाले पाइप (pipe or water channel) इस शीट से विभिन्न तरीकों से जुड़े होते हैं। सामान्य रूप में जल का ट्यूब धातु की प्लेट से जोड़ा जा सकता है या कभी-कभी पाइप को दो पतली धातु सतहों के बीच भी लगा दिया जाता है, (या दो धातु शीट को जोड़कर शीट व पाइप तैयार किए जाते हैं।) जैसे कि चित्र 4.9 में दर्शाया गया है।

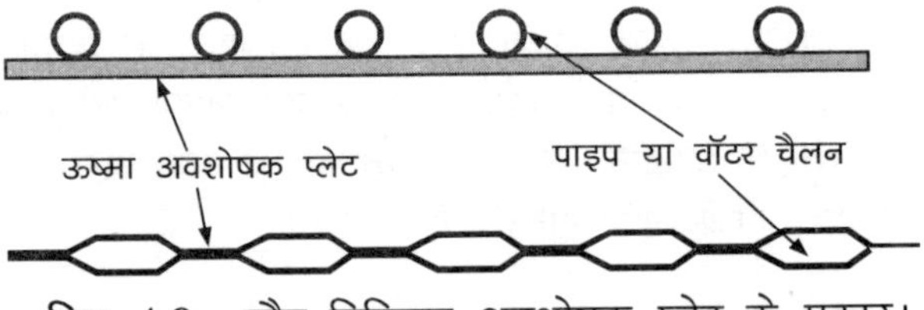

चित्र 4.9 सौर विकिरण अवशोषक प्लेट के प्रकार।

इस अवशोषक प्लेट के पिछले हिस्से व अन्य बाहरी सतह ऊष्मा अवरोधक पदार्थ (Insulator) से ढके होते हैं जिससे कि वातावरण में ऊष्मा हानि न हो सके। जबकि सामने की सतह पर प्लास्टिक कवर वाला पारदर्शी ग्लास (transparent glass) लगा होता है। इस पारदर्शी ग्लास कवर (सबसे ऊपर) से होते हुए सौर विकिरण अवशोषक सतह पर गिरते हैं। इस संयंत्र में अवशोषक प्लेट व पाइप/चैनल जल के टैंक से पाइप द्वारा जुड़े होते है। एक पाइप से ठण्डा जल, अवशोषक सतह तक लाया जाता है, जबकि दूसरे पाइप से गर्म जल टैंक तक पहुँचाया जाता है।

संयंत्रों में प्लेट को दक्षिण दिशा में अक्षांश +15° कोण के बराबर झुका कर रखा जाता है। इस झुकाव की वजह से विशेषतः सर्दी के दिनों में अवशोषक प्लेट पर

अधिकतम विकिरण गिरते हैं। (सर्दियों में ही हमें गर्म जल की जरूरत ज्यादा होती है) एक सम्पूर्ण सौर जल तापक का चित्र 4.10 में देख सकते हैं।

अवशोषक प्लेट सौर विकिरण (solar radiation) अवशोषित कर गर्म हो जाती है, यह ऊष्मा बाद में जल के चैनल द्वारा जल को स्थानान्तरित हो जाती है। गर्म जल का घनत्व ठण्डे जल की अपेक्षा कम होता है। घनत्व के इस अन्तर के कारण प्रवेश चैनल पर ठण्डा जल, गर्म जल को बाहर चैनल में धकेलता है। इस प्रकार चैनल से जल बाहरी चैनल द्वारा टैंक में पहुँचता है। जल का यह चक्र (सौर विकिरणों की वजह से) घनत्व में अन्तर के कारण अपने आप चलता रहता है। व इसे थर्मोसाइफन प्रभाव (thermosyphon effect) कहा जाता है।

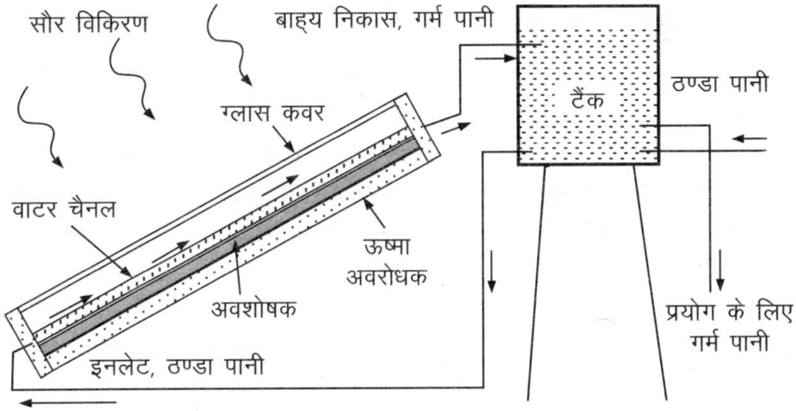

चित्र 4.10 सपाट प्लेट जल उष्णक संयंत्र का रेखाचित्र।

यदि जल का टैंक भी ऊष्मा अवरोधी (insulant) हो तो उष्ण जल (दिन में जल उष्ण कर लिया जाता है) जो रात भर भी उष्ण ही रहेगा व इसे अगली सुबह फिर उपयोग किया जा सकता है।

सपाट प्लेट जल उष्णक संयंत्र से जल गर्म किया जा सकता है, जिसे घरेलू एवं औद्योगिक दोनों स्तरों पर उपयोग किया जा सकता है।

4.7.4 जल उष्णक संयंत्रों के प्रकार (Types of Heating Systems)

जल उष्णक संयंत्रों का उपयोग घरेलू एवं औद्योगिक स्तरों पर किया जाता है, परन्तु दोनों स्तरों के उपयोगों के अनुसार ऊष्मा की आवश्यकता भिन्न-भिन्न होती है। उदाहरण के लिए नहाने एवं बर्तन धोने के लिए आवश्यक उष्ण जल का तापमान 60°C होना चाहिए। दूध के पाश्चुरीकरण हेतु आवश्यक तापमान 100°C है। बहुत सी औद्योगिक प्रक्रियाएँ ऐसी हैं जिनमें 100°C से अधिक (100–400°C) तापमान की आवश्यकता होती है। इन तापकों संयंत्रों को निम्न श्रेणियों में विभाजित किया गया है।

तालिका 4.6 विभिन्न उपयोगों के अनुसार सौर तापक संयंत्र

संयंत्र	*कार्यकारी तापमान* (°C)	*उपयोग*
सपाट प्लेट संग्राहक	वातावरणीय तापमान –70°C	घरेलू एवं औद्योगिक जल गर्म करने में, वायु तापन में (सुखाने हेतु)
इवेक्यूएटेड ताप संग्राहक	वातावरणीय—100°C	घरेलू एवं औद्योगिक (जल गरम करने में)
संकेन्द्रण संग्राहक	100–400°C	औद्योगिक प्रक्रियाओं में

सपाट प्लेट संग्राहक : इसकी चर्चा पहले ही की जा चुकी है (सेक्सन 4.7.3 में)।

इवेक्यूएटेड ट्यूब संग्राहक : यह संग्राहक सपाट प्लेट के समान ही है। परन्तु एक अन्तर है इसमें (evacuated tube collector) चैनल व (absorber plate) अवशोषक प्लेट एक ग्लास ट्यूब (glass tube) के अन्दर बन्द होते हैं। यह ग्लास ट्यूब खाली रहती है, जिससे निर्वात् (vacuum) उत्पन्न होता है। सपाट प्लेट संग्राहक में अवशोषक प्लेट, ग्लास कवर व अवशोषक प्लेट के बीच भरी हवा के संपर्क में रहता है। इसमें हवा के संपर्क से, सवहन व चालन द्वारा ऊष्मा की हानि होती है व तापक की दक्षता में भी कमी आती है। जब कि इवेक्यूएटेड संग्राहक में निर्वात होने से किसी भी माध्यम से ऊष्मा की हानि नहीं होती है (केवल विकिरण द्वारा ऊष्मा हानि संभव है)। इस प्रकार ऊष्मा हानि कम होती है। इवेक्यूएटेड ट्यूब संग्राहक द्वारा लगभग 100°C तापमान प्राप्त किया जा सकता है दोनों सपाट प्लेट व इवेक्यूएटेड ट्यूब संग्राहकों को अक्षांश कोण पर झुका कर रखा जाता है, जिससे सर्दियों में अधिकतम सैार विकिरण प्राप्त हो सके।

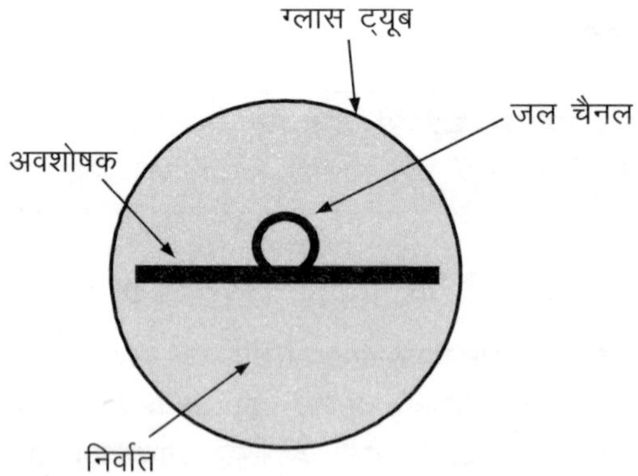

चित्र 4.11 इवेक्यूएटेड ट्यूब संग्राहक।

> *एक इवेक्यूएटेड ट्यूब संग्राहक में अवशोषक प्लेट व जल के चैनल, एक (इवेक्यूएटेड ट्यूब में बंद रहते हैं, जिससे ऊष्मा की हानि कम होती है।*

ताप पाइप संग्राहक (Heat Pipe Collector) : सपाट प्लेट व इवेक्यूएटेड ट्यूब संग्राहकों में धातु की प्लेट (metal plate) द्वारा अवशोषित ऊष्मा, अवशोषक प्लेट के संपर्क वाले जल को स्थानान्तरित हो जाती है। अवशोषक सतह से जल को होने वाला ऊष्मा स्थानान्तरण एक अन्य तकनीक द्वारा भी किया जा सकता है। जिसे ताप पाइप (Heat Pipe) कहा जाता है इस विधि में ऊष्मा स्थानान्तरण हेतु लेटेण्ट हीट के सिद्धान्त का प्रयोग किया जाता है, यह ताप पाइप अधिक दक्षता वाले होते हैं परन्तु महँगे भी होते हैं।

संकेन्द्रण संग्राहक (Concentrating Collector) : पृथ्वी पर गिरने वाले सौर विकिरणों की घनत्वता सबसे अधिक दोपहर के वक्त होती है, जिसका मान लगभग 100 mW/cm^2 या 1000 W/cm^2 होती है। यह शक्ति का बहुत उच्च घनत्व नहीं है। अतः उच्च तापमान प्राप्त करने के लिए (या अधिकतम ऊर्जा प्राप्त करने हेतु) कुछ अतिरिक्त उपाय करने जरूरी हैं। किसी स्थान पर सौर विकिरणों का घनत्व बढ़ाने के लिए लेन्सों या काँचों की मदद से (बच्चों द्वारा कागज जलाने के लिए उपयोग किए जाने वाले आवर्धक लेन्स magnifying glass के समान) एक बिन्दु पर सूर्य विकिरणों को केन्द्रित किया जाता है। यह संकेन्द्रण बहुत कम या बहुत ज्यादा किया जा सकता है। इस संकेन्द्रण घटक (factor) का मान कम से कम 2 जितना कम और अधिक से अधिक 1000 जितना उच्च हो सकता है।

सौर विकिरणों के संकेन्द्रण से शक्ति का घनत्व (power density) बढ़ जाता है। उदाहरण के लिए यदि हम एक बिन्दु पर विकिरणों का घनत्व 10 गुना करें तो उस बिन्दु पर शक्ति के घनत्व का मान 10×1000 W/m^2 = 10 kW/m^2 जितना उच्च होगा। परन्तु शक्ति का वास्तविक घनत्व कम ही प्राप्त होगा, क्योंकि प्रकाश संकेन्द्रण करने वाले ऑप्टिक लेन्स की दक्षता (optic efficiency) कम होती है। यह दक्षता 80 से 100% के बीच होती है।

पृथ्वी पर गिरने वाले विकिरण सीधे एवं छितरित (diffuse) विकिरणों का योग होते हैं। इनमें सीधे विकिरणों को संकेन्द्रित किया जा सकता है, छितरित विकिरणों को नहीं। क्योंकि छितरित विकिरणों में किरणें एक ही दिशा में नहीं होतीं। भूमण्डलीय विकिरणों में 10 से 20% छितरित विकिरणों का होता है। इन तथ्यों के आधार पर संकेन्द्रक सौर विकिरण से शक्ति का घनत्व निकाला जा सकता है।

= $10 \times 1000 \times 0.9$ (ऑप्टिक दक्षता के कारण)

$\times$ 0.9 छितरित विकिरणों के कारण)

= 8.1 kW/m^2

केवल सीधे विकरणों का संकेन्द्रण संभव है।

सौर विकिरणों का संकेन्द्रण दो तरीकों से किया जा सकता है (जैसा अध्याय के आरम्भ में बताया गया है)। पहला रेखा में संकेन्द्रण (line concentration) एवं दूसरा बिन्दु पर संकेन्द्रण (on a point)। इस सिद्धान्त पर निम्न संग्राहक आधारित हैं।

- रेखीय संग्राहक (इसमें बेलनाकार परवलयिक (पॅराबोलिक) द्रोणी का उपयोग होता है)।
- परवलय बिन्दु संग्राहक (पॅराबोलॉइड का उपयोग)।

नाम के अनुसार रेखा संकेन्द्रण एक विमीय (one dimensional) संकेन्द्रण है, व बिन्दु संकेन्द्रण परवलय या द्विवीमीय संकेन्द्रक है। बिन्दु संकेन्द्रण से विकिरणों से अधिक घनत्व वाली शक्ति प्राप्त होती है, फलतः अधिक तापमान प्राप्त होता है। बेलनाकार (cylindrical) रेखा संकेन्द्रण से 100 से 400°C के बीच व परवलय बिन्दु संकेन्द्रकों (parabolic line concentrating system) से 1000°C तक तापमान प्राप्त कर सकते हैं।

चूँकि संकेन्द्रण संग्राहक (concentrating collector) विकिरणों को एक बिन्दु विशेष पर फोकस करते हैं व फोकस बिंदु सूर्य की स्थिति के अनुसार बदलता रहता है अतः इन संग्राहकों की स्थिति भी सूर्य के अनुसार बदलनी जरूरी है। इस प्रकार सौर संग्राहकों में सूर्य ट्रैकिंग भी आवश्यक है। वे संग्राहक जो प्रकाश एक विमा में ही एकत्र करते हैं उनमें एक अक्षीय ट्रैकिंग जरूरी है। पूर्व–पश्चिम या उत्तर–दक्षिण। जबकि दो विमाओं में प्रकाश एकत्र करने वाले संग्राहकों में दो अक्षों में ट्रैकिंग जरूरी है, जैसे पूर्व–पश्चिम एवं उत्तर–दक्षिण दोनों।

संकेन्द्रण संग्राहकों (concentrating collector) में ऊष्मा संग्रहीत करने वाले तरल माध्यम (जल या अन्य तरल जैसे तेल का) को विद्युत पम्पों की सहायता से परिसंचरण (circulation) किया जाता है। चूँकि यह परिसंरचण दाब (circulation pressure) से किया जाता है, इसे दाबानुकूलित (forced circulation) परिसंचरण कहा जाता है।

> *बेलनाकार रेखा संकेन्द्रण द्वारा 100–400°C के बीच तापमान प्राप्त किया जा सकता है, जबकि परवलय बिन्दु संकेन्द्रण (paraboloid point concentrating system) द्वारा और अधिक तापमान प्राप्त किया जा सकता है।*

4.7.5 सौर जल उष्णक के अवयत एवं विशेषताएँ (Components and Specification of Solar Water Heater)

सौर जल तापक के मुख्य अवयव (components) या भाग निम्न है :

- संग्राहक (Collectors)
- भण्डारण टैंक (Storage tanks)
- ऊष्मा अवरोधन (Insulation)

संग्राहक (Collector)

मुख्यतः तीन तरह के संग्राहक होते हैं : सपाट प्लेट, इवेक्युएटेड ट्यूब एवं संकेन्द्रण संग्राहक।

- एक सपाट प्लेट संग्राहक सबसे अधिक उपयोग किया जाता है। यह एक ऊष्मा अवरोधी, मौसमरोधी (weather-proof) बॉक्स है जिसके अन्दर एक या अधिक पारगम्य (transparent) सतहों या कवर के बीच अवशोषक प्लेट रखी होती है। यह अवशोषक प्लेट उच्च तापीय चालकता, मजबूत व अच्छे घर्षण-प्रतिरोधन (corrosion resistance) वाली होनी चाहिए। सामान्यतः उपयोग किए जाने वाले धातु प्लेट हैं–ताँबा, एल्युमिनियम व स्टील इत्यादि। इन अवशोषक प्लेटों के उपर सामान्यतः काली परत चढ़ी होती है, जिससे अधिक विकिरण अवशोषित हो। उच्च चालकता (high conductivity) (386 W/m°C) के कारण ताँबा सबसे अधिक उपयोग किया जाता है।
- एक सपाट संग्राहक की चौड़ाई 1 से 1.5 मीटर के बीच होती है। जबकि उसकी लम्बाई (गर्म जल के प्रवाह की दिशा में) 1.5 से 2 मीटर के बीच होती है (संग्राहक का क्षेत्रफल 1.5 से 2.5 वर्ग मीटर, विशेषतः 2 वर्ग मीटर होता है)। एक संग्राहक के क्षेत्रफल पर ही निर्भर करता है कि वह कितना जल गर्म करता है। एक सिंगल संग्राहक से आवश्यकता पूरी न होने की स्थिति में मल्टीपल प्लेट संग्राहक का उपयोग किया जा सकता है।

इवेक्युएटेड ट्यूब संग्राहक पारदर्शी ग्लास ट्यूब की समानान्तर पंक्तियों से बना होता है। प्रत्येक ट्यूब में एक बाहरी ग्लास ट्यूब व आंतरिक ग्लास ट्यूब होती है। इसमें अवशोषक एक विशेष परत (जो विकिरण अवशोषित करें) से ढँका होता है। दोनों ट्यूबों के बीच की हवा निकाल दी जाती है अतः निर्वात (vacuum) उत्पन्न हो जाता है। इस प्रकार चालन व संवहन द्वारा ऊष्मा हानि नहीं होती है। इवेक्यूएटेड ट्यूब संग्राहक भी, समतल प्लेट संग्राहक के बराबर आकार में उपलब्ध है। (1.5 से 2.5 वर्ग मीटर क्षेत्रफल में)।

एक संयंत्र में संग्राहक के क्षेत्रफल से ही यह निश्चित होता है कि वह कितना जल गर्म करेगा। उदाहरण के लिए, उत्तर भारत की मौसमी परिस्थितियों में (सर्दियों में), एक संग्राहक के एक वर्ग मीटर क्षेत्रफल में 30°C–40°C तापमान वाला, 50 लीटर जल 60–70°C तक गर्म किया जा सकता है। हमारे देश में 2 वर्गमीटर क्षेत्रफल वाले सपाट प्लेट संग्राहक निर्मित किए जाते हैं, अतः वे एक दिन में 100 लीटर जल गर्म कर सकते हैं। यह सुनिश्चित करना भी आवश्यक है कि संग्राहक में उपयोग होने वाला कच्चा माल व अवशोषक (कोटिंग) की गुणवत्ता अच्छी हो। अधिकांश संग्राहक निर्माताओं द्वारा BIS गुणवत्ता वाले संग्राहक बनाए जाते हैं। यह संयंत्र एक ठोस एवं मजबूत सतह पर लगाया जाना जरूरी है। यह जमीन से मजबूती से जुड़ा होना चाहिए जिससे कि तेज चलने वाली हवाओं से उसका नुकसान न हो।

> *एक संग्राहक के एक वर्ग मीटर क्षेत्रफल से 50 लीटर जल को 30–40°C से गर्म किया जा सकता है।*

भण्डारण टैंक (Storage Tanks)

एक सौर जल तापक में भण्डारण टैंक का अच्छी तरह ऊष्मारोधन (insulation) होना आवश्यक है। इसमें पारम्परिक विद्युत या गैस जल तापक में उपयोग होने वाले

भण्डारण टैंक भी लगाए जा सकते हैं। घरों में उपयोग होने वाले सौर जल ताप संयंत्रों में गर्म जल का भण्डारण टैंक दो दीवारों वाला होता है। इसकी अन्दर व बाहर की सतह के बीच की जगह में ऊष्मावरोधक पदार्थ भरा होता है, जिससे ऊष्मा की हानि न हो। अन्दरूनी टैंक सामान्यतः ताँबे या स्टेनलैस स्टील का बना होता है जो कि लम्बे समय तक चलता है। बाहरी टैंक स्टेनलैस स्टील या एल्युमिनियम का हो सकता है। इन टैंकों में थर्मोस्टेट से संचालित होने वाले विद्युत तापक एलीमेण्ट (electrical heating element) भी लगाए जा सकते हैं। यह विकल्प तब उपयोगी है जब सूर्य की किरणें न मिलें या बहुत अधिक जल की आवश्यकता हो। एक टैंक की क्षमता, संग्राहक क्षेत्रफल के समानुपाती होनी चाहिए। सामान्य रूप से प्रति वर्ग मीटर संग्राहक क्षेत्रफल के लिए 50 लीटर जल का भण्डारक बनाया जाता है।

ऊष्मारोधन (Insulation)

जल तापक संयंत्र में संग्राहक प्लेट, टैंक व पाइपों का सावधानीपूर्वक ऊष्मारोधन आवश्यक है, क्योंकि इससे ऊष्मा हानि नहीं होती है। एक ऊष्मारोधक पदार्थ कम ऊष्मा चालकता (thermal conductivity) का व उच्च तापमान स्थायित्व (high temperature stability 200°C) वाला होना चाहिए। संयंत्र में सबसे ऊपर लगा ग्लास कवर भी ऊष्मारोधक का कार्य करता है, क्योंकि यह अवशोषक प्लेट को वातावरणीय कारकों से बचाता है। कवर प्लेट में सबसे महत्त्वपूर्ण बिन्दु यह है कि वह किस मैटीरियल का बना है। मैटीरियल मजबूत व अक्षय होना चाहिए (सौर विकिरणों में)। इस उपयोग हेतु हेम्पर्ड ग्लास सबसे अधिक उपयुक्त मैटीरियल है। यह पराबैंगनी विकिरणों से नष्ट नहीं होता है। एक्रिलिक जैसे प्लास्टिक कवर किरणों से खराब हो जाते हैं।

संयंत्र में पाइपों से भी ऊष्मा हानि हो सकती है अतः टैंक तक गर्म जल व टैंक से उपयोग स्थल तक गर्म जल ले जाने वाले पाइपों का भी ऊष्मारोधन आवश्यक है। इस उद्देश्य हेतु ग्लास वूल, थर्माकोल इत्यादि उपयुक्त हैं।

> *ऊष्मा हानि रोकने के लिए निम्न तापीय चालकता व उच्च तापमान स्थायित्व वाले मैटीरियल उपयोग किए जाते हैं।*

4.7.6 सौर जल उष्णक संयंत्र की बनावट एवं मूल्य (Design and Costing or Solar Water Heater)

एक सौर जल तापीय संयंत्र की डिजाइन इस बात पर निर्भर करती है कि कितने उष्ण जल की जरूरत है (मात्रा लीटर में) एवं किस तापमान वाले उष्ण जल की जरूरत है। इसके अतिरिक्त किस तरह का तापन व किस आकार के संग्राहक की आवश्यकता है, इत्यादि बिन्दु संयंत्र का डिजाइन तय करते हैं।

जल की आवश्यकता कितनी है, यह इस बात पर निर्भर करता है कि किस उद्देश्य हेतु जल का उपयोग करना है घरेलू या औद्योगिक। एक 3–5 सदस्यीय परिवार के नहाने, भोजन पकाने एवं कपड़े साफ करने इत्यादि के लिए लगभग 100 लीटर

उष्ण जल की जरूरत होती है। घरेलू उपयोग हेतु 60°C तक उष्ण जल चाहिए। औद्योगिक उपयोगों में जल की मात्रा एवं तापमान दोनों के पैमाने बदल जाते हैं। एक संयंत्र का डिजाइन तय करने के पहले उपरोक्त बिन्दु ज्ञात होना आवश्यक है।

> *एक सौर तापक जल संयंत्र का डिजाइन तय करने में याद रखने योग्य मुख्य बिन्दु हैं—आवश्यक जल की मात्रा, उसका तापमान, संग्राहक का आकार एवं तापन के प्रकार आदि।*

जल की उष्णीय क्षमता (Heat Capacity of Water)

यदि हमें जल को एक निश्चित तापमान तक गर्म करना है, तो हमें यह ज्ञात करने की आवश्यकता है कि जल को इस तापमान तक पहुँचाने के लिए कितनी ऊष्मा देनी होगी। जल की ऊष्मीय क्षमता (heat capacity) 4.18 kJ/kg–°C है। यदि हमें 1 लीटर (1 kg) जल का तापमान एक डिग्री (माना 25 से 26°C) बढ़ाना हो तो जल को 4.18 kJ ऊर्जा देनी होगी। इस आँकड़े के आधार पर हम यह ज्ञात कर सकते हैं कि m kg जल का तापमान ΔT डिग्री से बढ़ाना हो तो कितनी ऊष्मा जल को देनी होगी (यहाँ ΔT = आवश्यक तापमान – वातावरणीय तापमान)

इस प्रकार,

$$\text{ऊष्मा की आवश्यकता } Q = 4.18 \times m \times \Delta T \text{ (kJ में)}$$

यदि जल के अतिरिक्त कोई अन्य द्रव उपयोग किया जाता है तो उसमें भी ऊष्मा का संचार किया जाता है।

सौर जल तापकों की दक्षता एवं तापीय चालकता

संयंत्रों की दक्षता एवं तापान्तर (efficiency and temperature ranges) के विषय में तालिका 4.7 में जानकारी दी गई है।

तालिका 4.7 सौर जल तापक संयंत्रों की दक्षता एवं तापमान की जानकारी

संयंत्र	*उपयोगी विकिरण*	*तापमान* (°C)	*दक्षता* (%)
सपाट प्लेट जल तापक संयंत्र	भूमण्डलीय (सीधे + छितरित)	40–60	40
इवेक्यूएटेड ट्यूब संयंत्र	भूमण्डलीय	50–80	50
इवेक्यूएटेड ट्यूब (अन्य तरल व निम्न व संकेद्रण अनुताप के साथ)	सीधे	100–200	50–60
बेलनाकार परवलय संग्राहक	सीधे	100–400	50–60
परवलय बिन्दु (point) फोकस	सीधे	1000 तक	70–80

एक संयंत्र डिजाइन करने हेतु अनुमानित आँकड़े

- उष्ण जल की आवश्यकता—250 लीटर
- किस तापमान पर जल (या अन्य तरल) चाहिए—80°C (120°C आवश्यकतानुसार)

- वातावरणीय तापमान—30°C
- दैनिक सौर विकिरण—5.5 kWh/m^2-day
- सौर जल तापक की दक्षता—0.40 (सपाट प्लेट संग्राहक के लिए दक्षता 40 और 60% के बीच हो सकती है।
- तरल की ऊष्मीय क्षमता (इस उदाहरण में जल) 4.18 kJ/kg-K

प्रथम चरण : उपयोगी सौर तापीय ऊर्जा निकालें

दैनिक रूप से उपलब्ध सौर विकिरण = 5.5 kWh / m^2-day

उपयोगी सौर तापीय ऊर्जा (जो वास्तव में जल का तापमान बढ़ाने मे उपयोग की गई हो)

= दैनिक सौर विकिरण × सौर जल तापक दक्षता

$= 5.5 \times 0.4 = 2.2$ kWh/m^2 – day (1 Wh = 3600 Joule)

= 7920 kJ/m^2-day

द्वितीय चरण : जल के तापमान को वातावरणीय तापमान से आवश्यक तापमान तक पहुँचाने हेतु आवश्यक ऊष्मा—जल की ऊष्मीय क्षमता (heat capacity) = 4.18 kJ/kg प्रति डिग्री तापमान बढ़ोतरी।

ΔT या आवश्यक तापमान में बढ़ोतरी

= आवश्यक तापमान – वातावरणीय तापमान

= 80–30 = 50°C

जल का द्रव्यमान (1 लीटर = 1 कि.ग्रा.) = 250 लीटर = 250 kg

जल का तापमान आवश्यक स्तर तक बढ़ाने हेतु जरूरी ऊष्मीय ऊर्जा (प्रतिदिन)

$= 4.18 \times m \times \Delta T$ kJ

$= 4.18 \times 250 \times 50$

= 52250 kJ आवश्यकता प्रति दिन

तृतीय चरण : आवश्यकता पूरी करने हेतु संग्राहक का कुल आवश्यक क्षेत्रफल

$$\text{आवश्यक संग्राहक का क्षेत्रफल} = \frac{\text{आवश्यक ऊष्मीय ऊर्जा}}{\text{उपयोगी ऊष्मीय ऊर्जा}}$$

$$= \frac{52250}{7920}$$

$$= 6.60 \approx 7 \text{ m}^2$$

टिप्पणी : कृपया यह ध्यान में रखें कि उपरोक्त आँकड़े आवश्यक तापमान के अनुसार बदलेंगे। यहाँ उदाहरण देने के लिए आवश्यक तापमान 80°C तय किया गया है। इस प्रक्रिया द्वारा सौर तापक संयंत्र में उष्ण जल के अलावा अन्य तरल पदार्थों के भी आंकड़े निकाले जा सकते हैं। यदि आप उपरोक्त गुणक के रूप में जल का 65°C तापमान रखते हो तो आपको लगभग 5 वर्ग मीटर क्षेत्र प्राप्त होगा (प्राप्त क्षेत्र 50 लीटर जल प्रति वर्ग मीटर), जिससे आपको जल का तापांक उपलब्ध होगा। इस प्रकार

के अनुसार *घरेलू आवश्यकतानुसार उष्ण जल संयंत्र से 1 वर्ग मीटर क्षेत्र से 50 लीटर गर्म जल की पूर्ति होगी।*

संकेन्द्रण हेतु गणनाएँ (Calculation for Concentrating Collector): संकेन्द्रण संग्राहक (concentrating collector) भी ऊपर की गई गणना की तरह ही गणना होती है। संकेन्द्रण संग्राहक हेतु ध्यान रखने योग्य बिन्दु है संकेन्द्रण अनुपात (concentration ratio) संग्राहक का क्षेत्रफल, संकेन्द्रण की दक्षता आदि।

- संकेन्द्रण अनुपात को निम्न तरह से परिभाषित किया गया है–

$$\text{संकेन्द्रण अनुपात } R = \frac{\text{संग्राहक (collector) का छिद्रित क्षेत्र}}{\text{ग्राहक (receiver का छिद्रित क्षेत्र}}$$

- संकेन्द्रण अनुपात R से उपयोगी ऊष्मीय ऊर्जा निकाली जा सकती है,
  = दैनिक सौर विकिरण × संकेन्द्रण अनुपात × संयंत्र की दक्षता
- अन्य गणनाएँ तालिका 4.7 में दिए गए आँकड़ों के समान ही की जा सकती है।

सौर जल तापक की अनुमानित कीमत (Costing of Solar Water Heater)

किसी सौर जल तापक की कीमत का अनुमान करने के लिए निम्न नियमों का उपयोग किया जा सकता है–

- एक संग्राहक का मूल्य सामान्यतः 5000 रूपए प्रति वर्ग मीटर है।
- टैंक व संस्थापन (installation) की कीमत संग्राहक की कीमत का 50% होती है।
- प्रतिदिन 50 लीटर गर्म जल प्राप्त करने के लिए 1 वर्ग मीटर संग्राहक क्षेत्रफल आवश्यक है।

अतः 100 लीटर गर्म जल प्रतिदिन वाले संयंत्र का मूल्य होगा।

$$= \frac{100}{50\,m^2} \times \left[5000 + \frac{1}{2} \times 5000\right] = 15000 \text{ रूपए}$$

> *एक सौर जल तापक की कीमत का अनुमान संग्राहक व टैंक के मूल्य व (installation charge) संस्थापन मूल्य से लगाया जा सकता है।*

इस प्रकार 100 लीटर गर्म जल वाले संयंत्र की कीमत 15000 रूपए होगी व 200 लीटर वाले संयंत्र की कीमत लगभग 30000 रूपए होगी। ध्यान रखें कि यह अनुमानित मूल्य केवल गर्म जल के संयंत्र के लिए है।

पे–बैक पीरियड (Simple Pay-back Period)

एक जल तापक संयंत्र 15–20 साल के बीच चलता है। इस दौरान बिजली की बचत की जा सकती है जो कि एक तरह से रूपयों की बचत है।

माना कि हमें 60°C तापमान वाले 100 लीटर गर्म जल की दैनिक आवश्यकता है। ऊपर की गई गणना के अनुसार जल तापक संयंत्र की कीमत 15000 रूपए है।

100 लीटर जल को 60°C तक गर्म जल करने के लिए प्रतिदिन कितनी बिजली की आवश्यकता है। जब वातावरणीय तापमान 30°C है ? जो निम्न प्रकार हैं—

ऊष्मीय ऊर्जा की आवश्यकता

$$4.18 \times 100 \times (60–30) = 12540 \text{ kJ}$$

अब $$1 \text{ Wh} = 3600 \text{ J}$$

अत: प्रतिदिन आवश्यक विद्युत इकाई है

$$\frac{12540}{3600} = 3.48 \text{ kWh}$$

परन्तु विद्युत जल तापक की दक्षता लगभग 0.90 (90%) होती है। अत: सप्लाई की गई विद्युत की वास्तविक मात्रा

$$\frac{3.48}{0.90} = 3.87 \text{ kWh}$$

यहाँ माना कि एक विद्युत ऊर्जा इकाई (kWh) की कीमत 4 रूपए है। अत: प्रतिदिन आवश्यक विद्युत की कुल कीमत है।

$$4 \times 3.87 = 15.48 \text{ रूपए}$$

हम मानते हैं कि एक वर्ष में 300 खुले दिन (sunny days) होते हैं। तब वार्षिक बचत $= 15.2 \times 300 = 4650$ रूपए

वर्षों की संख्या जिसमें खर्च की गई राशि की बचत होगी :

$$\frac{\text{निवेश}}{\text{बचत}} = \frac{15000}{4650} = 3.28 \text{ वर्ष}$$

इसके द्वारा गर्म जल संयंत्र का पे–बैक पीरियड 3 से 4 साल तक कि लिए हो सकता है।

4.7.7 संस्थापन एवं रखरखाव (Installation and Maintenance)

भारत उत्तरी गोलार्द्ध में स्थित है, अतः दक्षिण दिशा की तरफ रखी किसी सतह को सबसे अधिक सौर विकिरण पूरे वर्ष प्राप्त होते हैं। अधिकतम दक्षता के लिए सूर्य किरणें संग्राहक पर सही कोण पर गिरना चाहिए। जल तापक संयंत्रों में अधिकतम आउटपुट सर्दियों में आवश्यक होता है, जब सूर्य निम्न आल्टीट्यूड पर होता है। अधिकतम आउटपुट हेतु संग्राहक का सामने का हिस्सा दक्षिण दिशा में होना चाहिए व उस स्थान के अक्षांश कोण +15° के बराबर कोण पर संग्राहक झुका होना चाहिए। एक सौर संयंत्र से अच्छे परिणामों के लिए आवश्यक है कि पूरे दिन बिना रुकावट के सूर्य प्रकाश मिलता रहे। एक घरेलू सौर जल उष्णक संयंत्र को घर की छत पर स्थापित किया जाता है।

सौर उष्णक जल संयंत्र के संग्राहकों का मुख सूर्य की तरफ दक्षिण की ओर झुका होना चाहिए। लेकिन ध्यान रहे कि संग्राहकों का मुख सूर्य की तरफ दक्षिण में ही रहे न कि पश्चिम और पूर्व दिशा की ओर।

सर्दी के मौसम में, भारत में सौर तापक संयंत्र का सामने का भाग दक्षिण दिशा में होना चाहिए तथा वह अक्षांश कोण +15° के बराबर कोण पर झुका होना चाहिए।

नियमानुसार प्रत्येक 1 मीटर × 2 मीटर के संग्राहक के लिए 3 वर्ग मीटर छायारहित क्षेत्रफल उपयोग किया जाता है। जहाँ तक संभव हो यह क्षेत्र सपाट हो। यह बारिश में बहने वाले जल से दूरी पर हो व बाथरूम या उस स्थान के पास हो जहाँ गर्म जल पहुँचाया जाना है। इन बिन्दुओं को ध्यान में न रखने पर लम्बे पाइपों के कारण ऊष्मा हानि होने से बाथरूम में अपेक्षाकृत शीतल जल मिलेगा। शीतल जल संयंत्र के आधार से 2.5 मीटर की ऊँचाई पर उपलब्ध होना चाहिए।

4.8 रखरखाव (Maintenance)

एक बार संयंत्र स्थापित होने के बाद इसके अधिकतम परिणामों के लिए सही रखरखाव आवश्यक है। अधिकांश घरेलू सौर जल तापकों में अधिक रखरखाव की आवश्यकता नहीं होती है। क्योंकि इसमें कोई गतिशील भाग (parts) नहीं होते हैं। केवल इसमें महीने में एक बार ग्लास की सफाई आवश्यक है कभी-कभार होने वाली लीकेज को कोई भी प्लम्बर ठीक कर सकता है, यदि जल कठोर है तो उसके लवण का जमाव हो सकता है जिसे एसिड से हटाया जा सकता है (इसके लिए डीलर से सम्पर्क करें)। इसी प्रकार टूटे काँच को भी सप्लायर बदल सकता है। यदि संयंत्र की बाहरी सतह पर पेण्ट किया हुआ है तो सतहों को क्षय से बचाने के लिए हर 2–3 साल में नया पेण्ट करना चाहिए।

यह स्पष्ट है कि गतिशील पुर्जा न होने के कारण सौर से ही तापन संयंत्र का रखरखाव आसान है, व अच्छे परिणाम प्राप्त होते हैं।

अभ्यास प्रश्न (Exercises)

1. सौर तापीय ऊर्जा संग्रहण का सिद्धान्त क्या है? यह सौर PV संयंत्र से किस प्रकार अलग है?
2. तापीय ऊर्जा प्राप्त करने के पारम्परिक एवं अपारम्परिक तरीके कौन-कौन से हैं?
3. क्या आपके एयर-कण्डीशनर को सौर तापीय ऊर्जा से चलाना संभव है?
4. एक सौर तापीय ऊर्जा संयंत्र की दक्षता को प्रभावित करने वाली कौन-कौन सी हानियाँ हैं? इन्न हानियों को किस तरह कम किया जा सकता है?
5. किसी पदार्थ की तापीय या ऊष्मीय क्षमता कैसे परिभाषित की जाती है? विशिष्ट तापीय क्षमता की इकाई क्या है?
6. 30°C से 70°C ताप प्राप्त करने के लिए दो लीटर जल आवश्यक है। इस जल में कितनी ऊष्मा दी जानी चाहिए?

7. सौर तापीय ऊर्जा को सेन्सिबल ऊर्जा व लेटेण्ट ऊर्जा दोनों रूपों में संग्रहीत किया जा सकता है। इस कथन को समझाइए।
8. 1 कि.ग्रा चावल को पकाने हेतु कितनी ऊर्जा की आवश्यकता है?
9. 1 कि.ग्रा. आलू पकाने हेतु कितनी ऊर्जा की आवश्यकता है?
10. सौर आसवन इकाई का कार्यकारी सिद्धान्त क्या है?
11. संकेन्द्रण अनुपात को परिभाषित कीजिए। सौर तापीय तकनीकों में संकेन्द्रण अनुपात की क्या उपयोगिता है?
12. उबाल कर खाना पकाने व तल कर खाना पकाने में क्या अन्तर है? उबाल कर खाना पकाने हेतु बॉक्स सौर कुकर (Box Solar cooker) क्यों उपयोग किया जाता है?
13. एक सपाट प्लेट जल तापक संयंत्र में रात में तापीय ऊर्जा लेटेण्ट ऊष्मा के रूप में संग्रहीत की जाती है। इस कथन को समझाइए।
14. एक सपाट प्लेट जल तापक संयंत्र का कार्यकारी सिद्धान्त बताइए।
15. एक संकेन्द्रण सौर कुकर के लाभ एवं हानियाँ समझाइए?
16. सौर भभका (Solar still) व सपाट प्लेट संग्राहक के प्रति वर्ग मीटर की कीमत क्या है?
17. एक गाँव में 250 लीटर आसवित जल की प्रतिदिन आवश्यकता है। इतने जल को उत्पादित करने के लिए कितने क्षेत्रफल के सौर भभका (Solar still) की आवश्यकता है? नीचे दिए गए अनुमानों को उपयोग कर तालिका पूरी करें।
   - पानी के वाष्पीकरण की लेटेण्ट ऊष्मा = 2260 kJ/kg
   - पानी का घनत्व—1 kg प्रति लीटर
   - सौर भभका की दक्षता—40%
   - दिए गए क्षेत्र पर औसत दैनिक सौर विकिरण—7 kWh/m^2-day

   प्रथम चरण : उपयोगी सौर विकिरण ज्ञात करें—

   (A) दैनिक रूप से उपलब्ध सौर विकिरण निकालें = ... kWh/m^2-day

   (B) उपलब्ध उपयोगी सौर विकिरण, सौर भभका की दक्षता 0.3

   = दैनिक सौर विकिरण × सौर भभका की दक्षता

   = A × .... = ... × ....

   = ... kWh /m^2-day

   (Converting Wh to Joules, 1 Wh = 3600 Joules)

   = ... kJ/m^2-day

   द्वितीय चरण : प्रतिदिन प्रतिवर्ग मीटर द्वारा उत्पादित आसवित जल

   जल वाष्पीकरण की लेटेण्ट ऊष्मा = 2260 kJ/kg

   (C) संयंत्र की दक्षता के अनुसार प्रतिदिन प्रतिवर्ग मीटर द्वारा उत्पादित आसवित जल

   $$= \frac{\text{उपलब्ध उपयोगी सौर विकिरण}}{\text{पानी वाष्पीकरण की लेटेण्ट ऊष्मा}}$$

$$= \frac{B}{2260} = .../2260$$

$= ....$ litres /m^2-day

तृतीय चरण : आवश्यकता पूरी करने हेतु सौर भभका का कुल क्षेत्रफल

प्रतिदिन आसवित जल की कुल आवश्यकता = litres/day

(D) परिवार की आवश्यकता पूरी करने हेतु सौर भभका का कुल क्षेत्रफल

$$= \frac{\text{कुल दैनिक आवश्यकता}}{\text{प्रतिदिन प्रतिवर्ग मीटर द्वारा उत्पादित आसवित जल (लीटर में)}}$$

$= ..../C = .../ .... = ... m^2$

18. एक विद्यालय के हॉस्टल में सामूहिक रूप से उपयोगी सौर कुकर संयंत्र लगाया जाता है जिसमें कुल खर्चा (investment) 50,000 रूपए का आया। इस सौर कुकर के उपयोग से प्रतिवर्ष 38 LPG सिलेण्डर की बचत होने लगी। इसका पे-बैक पीरियड (simple pay-back period) निकाले।

(A) एक बॉक्स सौर कुकर की कीमत = 50,000 रूपए

(B) एक वर्ष पश्चात् ईंधन की बचत = 38 LPG सिलेण्डर

(C) LPG सिलेण्डर की कीमत = ... रूपए

(D) रूपयों की बचत = B × C = ...

$$\text{पे–बैक पीरियड} = \frac{\text{निवेशित रकम}}{\text{प्रति वर्ष बचत}}$$

= A/D

= .... वर्ष

19. 1 लीटर दूध उबालने हेतु आवश्यक ऊर्जा की मात्रा की गणना करें।

आलू पकाने के लिए आवश्यक कुल तापीय ऊर्जा

= m × Cp × (अंतिम तापमान – वातावरणीय तापमान)

= .... × .... × ....

= .... kJ

= .... J

20. 2 kg आलू को कमरे के तापमान से 120°C तापमान तक पकाने के लिए आवश्यक ऊर्जा की मात्रा निकालें।

आलू पकाने में आवश्यक कुल तापीय ऊर्जा

= m × Cp × (अन्तिम तापमान – वातावरणीय तापमान)

= .... × .... × ....

= .... kJ

= .... J

21. यदि एक डिश टाइप सौर कुकर में 2 kg आलू पकाए जाते हैं तो इसमें लगने वाले समय का आकलन करें। नीचे दिए गए अनुमानों का उपयोग कर निम्नांकित रिक्त स्थानों की पूर्ति करें।

अनुमान :

- दिए क्षण पर सीधे सौर विकिरण—600 W/m^2
- पॉट के क्षेत्र का व्यास—0.30 मीटर = 0.28 m^2 क्षेत्रफल
- संग्राहक के छिद्र का व्यास—1.5 मीटर = 7.05 m^2 क्षेत्रफल
- संकेन्द्रण अनुपात (concentration ratio) = 7.05/0.28 = 25
- संग्राहक की ऑप्टिकल दक्षता—80%
- सौर कुकर की दक्षता—35%

प्रथम चरण : खाना पकने में लगने वाली आवश्यक ऊर्जा निकालें—

खाना पकने में आवश्यक कुल ऊर्जा

= .... kJ

= .... J

द्वितीय चरण : सौर कुकर गर्म करने हेतु उपलब्ध सौर विकिरण निकालें—

किसी क्षण पर केवल सीधा सौर विकिरण

= .... W/m^2

फोकस बिन्दु पर सौर विकिरणों का घनत्व

= संकेद्रण अनुपात × सीधा विकिरण × संकेद्रक की दक्षता

= .... × .... × ....

= W/m^2

पॉट क्षेत्र (कुकर क्षेत्रफल) पर वास्तविक सौर विकिरण

= विकिरणों का घनत्व × फोकस बिन्दु का क्षेत्र

= .... × ....

= .... Watt

सौर कुकर की दक्षता = ...

फोकस बिन्दु पर उपलब्ध शक्ति की वास्तविक मात्रा (वॉटेज)

= .... × ....

= .... Watt

तृतीय चरण : खाना पकने में लगने वाला कुल समय

खाना पकाने हेतु लगने वाला कुल समय (ताँबे के बर्तन में यदि आधा किलो चावल पकाया जाए, जिस तरह बॉक्स सौर कुकर में आँकलन किया गया)।

$$= \frac{\text{खाना पकाने हेतु आवश्यक कुल ऊर्जा}}{\text{शक्ति की वास्तविक उपलब्ध मात्रा}}$$

(using 1 Wh = 3600 J conversion factor)

= .... / .... × ....

= hours

22. लड़कों के एक हॉस्टल में 5000 लीटर गर्म जल की आवश्यकता होती है। उस क्षेत्र में उपलब्ध सौर विकिरणों की मात्रा 6.2 kWh/m^2–day है उपलब्ध जल का तापमान 27°C है व इसे 60°C तक गर्म करने की आवश्यकता है। प्रक्रिया हेतु संग्राहक का आवश्यक क्षेत्रफल व संयंत्र की कीमत निकालें। साथ ही पे-बैक पीरियड (simple pay-back-period) की गणना करे। नीचे दिए गए अनुमानों का उपयोग करें व रिक्त स्थानों को भरें।

- संग्राहक का प्रति वर्ग मीटर का मूल्य 5000 रूपए है।
- टैंक व अन्य स्थापन प्रक्रिया की कीमत, संग्राहक की कीमत का 50% है
- प्रतिदिन 50 लीटर गर्म जल प्राप्त करने हेतु संग्राहक के एक वर्ग मीटर क्षेत्रफल की आवश्यकता है।
- एक जल तापक संयंत्र 15–20 साल तक चल सकता है।
- एक विद्युत ऊर्जा इकाई (kWh) की कीमत 4 रूपए मानी गई है।
- माना कि एक वर्ष में 300 खुले दिन (sunny days) होते हैं।

प्रथम चरण : उपयोगी सौर तापीय ऊर्जा निकालें—

(A) दैनिक उपलब्ध सौर विकिरण = ... kWh/m^2-day

(B) उपयोगी सौर तापीय ऊर्जा

= दैनिक सौर विकिरण × सौर जल तापक की दक्षता

= .... × .... = ... kWh/m^2-day

(converting Wh to joules, 1 Wh = joules)

= ....kJ/m^2-day

द्वितीय चरण : जल को वातावरणीय तापमान से आवश्यक (desired) तापमान तक लाने के लिए आवश्यक ताप/ऊष्मा

पानी की ऊष्मीय क्षमता

= 4.18 kJ/kg प्रति डिग्री तापमान बढ़ाने हेतु

(C) ΔT या आवश्यक तापमान में बढ़ोतरी

= आवश्यक तापमान – वातावरणीय तापमान = °C

पानी का द्रव्यमान (1 litre = 1 kg)

= .... litres

(D) आवश्यक स्तर तक जल का तापमान बढ़ाने हेतु आवश्यक ऊष्मीय ऊर्जा (प्रतिदिन)

= 4.18 × m × ΔT kJ

= 4.18 × .... × ....

= .... kJ आवश्यक प्रतिदिन

तृतीय चरण : आवश्यकता पूरी करने हेतु जरूरी संग्राहक का कुल क्षेत्रफल
आवश्यक संग्राहक क्षेत्रफल

$$= \frac{\text{आवश्यक ऊष्मीय ऊर्जा}}{\text{उपयोगी ऊष्मीय ऊर्जा}}$$

$$= \frac{D}{B}$$

$$= \ldots\ldots\ldots\ldots \text{ m}^2$$

सौर जल तापक की कीमत

5000 लीटर गर्म जल प्रतिदिन प्राप्त करने हेतु संयंत्र की कीमत

$$I = 50 \text{ वर्ग मीटर} \times \left[500 \times \frac{1}{2} \times 50000\right] = \ldots\ldots\ldots\ldots \text{ रुपए}$$

पे-बैक पीरियड

आवश्यक ऊष्मीय ऊर्जा

$$D = \ldots\ldots\ldots\ldots \times \ldots\ldots\ldots\ldots \times \ldots\ldots\ldots\ldots = \text{kJ}$$

अब 1 Wh = 3600 J

(E) अतः प्रतिदिन आवश्यक विद्युत इकाई

$$= \frac{D}{3600} = 3.48 \text{ kWh}$$

परन्तु इलेक्ट्रिक वॉटर हीटर की दक्षता 0.90 (90%) है। अतः सप्लाई की गई वास्तविक विद्युत ऊर्जा है

$$\frac{E}{0.90} = \ldots\ldots\ldots\ldots \text{ kWh}$$

(F) इस प्रकार प्रतिदिन विद्युत की कीमत

$$= \text{प्रतिदिन विद्युत की कीमत} \times E = \ldots\ldots\ldots\ldots \text{ रुपए}$$

(G) अतः वार्षिक बचत

$$= F \times 300 = \ldots\ldots\ldots\ldots \text{ रुपए}$$

वर्षों की संख्या जिनमें कीमत प्राप्त की गई (बचत) की गई।

$$\frac{\text{निवेश}}{\text{बचत}} = \frac{I}{G} = \ldots\ldots\ldots\ldots \text{ वर्ष}$$

पे-बैक पीरियड = ... वर्ष

23. एक वाशिंग इंडस्ट्री में 15000 लीटर गर्म जल की आवश्यकता होती है इस क्षेत्र में उपलब्ध सौर विकिरण 7 kWh/m^2–day हैं क्षेत्र में उपलब्ध जल का तापमान 27°C है और इसे 150°C तक गर्म किया जाना है। किस प्रकार के संग्राहक (collector) का उपयोग करना चाहिए और क्यों ?

पवन ऊर्जा (WIND ENERGY) 5

अध्याय रूपरेखा

वायु के प्रवाह को पवन कहते हैं। किसी भी गतिमान वस्तु में गति के कारण गतिक ऊर्जा (kinetic energy) उत्पन्न होती है। पृथ्वी पर चारों ओर हवा का प्रवाह है, इस प्रवाह से उसमें गतिज ऊर्जा उत्पन्न हो जाती है। जिसे पवन ऊर्जा कहते हैं। पृथ्वी की

सतह पर सूर्य किरणों से उत्पन्न तापान्तर की वजह से हवा का प्रवाह होता है। इस प्रकार पवन ऊर्जा, अप्रत्यक्ष रूप से सौर ऊर्जा ही है। यह पवन ऊर्जा अक्षय, प्रदूषण मुक्त ऊर्जा का बहुत अच्छा स्त्रोत हो सकती है। पृथ्वी पर प्राप्त होने वाली कुल सौर ऊर्जा का 1% से 3% पवन ऊर्जा में परिवर्तित हो जाता है। सौर ऊर्जा प्रकाश संश्लेषण द्वारा बॉयोमास ऊर्जा में भी परिवर्तित होती है, इस मात्रा से भी 50 से 100 गुना अधिक सौर ऊर्जा, पवन ऊर्जा में परिवर्तित होती है। पवन ऊर्जा भी सौर ऊर्जा की तरह तरल अवस्था में है और इसकी उपलब्धता एक दिन के विभिन्न घण्टों में मौसम के अनुसार बदलती है।

पवन ऊर्जा को विभिन्न तरीकों से उपयोग किया जा सकता है। इतिहास से ज्ञात है, कि पवन ऊर्जा, जहाज चलाने हेतु उपयोग की जाती थी। पवन में व्याप्त ऊर्जा को पवन चक्की द्वारा उपयोगी ऊर्जा में परिवर्तित किया जा सकता है। पिसाई एवं वॉटर पम्पिंग हेतु पवन ऊर्जा को यान्त्रिक ऊर्जा में परिवर्तित कर सकते हैं। वैकल्पिक रूप से पवन ऊर्जा को विद्युत ऊर्जा में परिवर्तित किया जा सकता है। (जो कि अत्यन्त महत्त्वपूर्ण है)। इसके लिए जनरेटर का उपयोग कर सकते हैं जो कि यान्त्रिक ऊर्जा को विद्युत ऊर्जा में परिवर्तित करते हैं। अक्षय ऊर्जा तकनीकों में पवन ऊर्जा से प्राप्त करने की तकनीक, सफलतम तकनीकों में से एक है। साथ ही दुनिया के विभिन्न भाग जहाँ पवन स्त्रोत अच्छे हैं वहाँ यह तकनीक बहुत किफायती साबित हुई है। पूरे विश्व में वार्षिक पवन ऊर्जा मार्केट 30% की दर से विकसित हो रहा है।

5.1 वायु प्रवाह (Wind Flow)

5.1.1 वायु की गति (Motion of Wind)

पवन का उद्‌गम एक जटिल प्रक्रिया है। सूर्य किरणों से पृथ्वी पर पैदा होने वाले तापमानों के अन्तर के कारण वायु का प्रवाह होता है। पृथ्वी के भूमध्यीय क्षेत्र, ध्रुवीय क्षेत्रों की तुलना में अधिक सौर विकिरण ग्रहण करते हैं, जिससे असमान तपन होती है। भूमध्य क्षेत्रों में अधिक गर्मी होने से हवा का घनत्व कम होता है और हवा हल्की होकर ऊपर उठती है। भूमध्य से उठती हुई हवा दक्षिणी एवं उत्तरी दिशा में बढ़ती है। (जैसा चित्र 5.1 में दर्शाया गया है); ये हवा 30° उत्तर एवं 30° दक्षिण अक्षांशों पर ठण्डी होती है इन अक्षांशों पर हवा ठण्डी होकर नीचे आती है। उसका घनत्व बढ़ जाता है, वायु वातावरण की सबसे निचली पर्त से भूमध्य क्षेत्र की ओर बढ़ती है। इस तरह वायु अपना एक चक्र पूर्ण करती है। पृथ्वी के अपने अक्ष पर घूर्णन (पश्चिम से पूर्व) से हवा के प्रवाह की दिशा पर प्रभाव पड़ता है। ऊपर उठती गर्म हवा की दिशा पूर्व की ओर जबकि वापसी में हवा की दिशा पश्चिम दिशा में हो जाती है।

हवा की गति व दिशा को बड़े-बड़े प्रभावी कारकों के अतिरिक्त बहुत से अन्य कारक भी प्रभावित करते हैं। ये हैं पृथ्वी की सतह व समुद्र की सतह के तपन एवं शीतलन (heating and cooling) की असमान दरें, अन्य कारक जैसे पेड़-पौधे, इमारतें, पहाड़, घाटियाँ आदि।

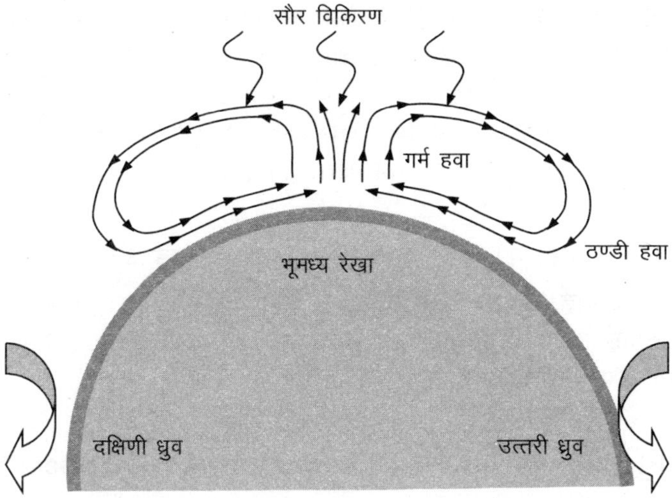

चित्र 5.1 सूर्य किरणों से पृथ्वी पर उत्पन्न तापान्तर के कारण हवा की गति।

5.1.2 ऊर्ध्वाधर वायु गति (Vertical Wind Speed)

किसी स्थान विशेष पर पृथ्वी की सतह के ऊपर जाने के साथ-साथ हवा की गति बढ़ती जाती है। सतह पर हवा का, सतह के साथ होने वाले घर्षण के कारण गति शून्य होती है। सतह से ऊपर जाने पर निम्न ऊँचाइयों पर हवा की गति तेजी से बढ़ती है, जबकि उच्च ऊँचाइयों पर निम्न दर से हवा की गति बढ़ती है (चित्र 5.2 देखें)। सतह से 2000 मीटर की ऊँचाई पर हवा की गति में परिवर्तन शून्य होता है। चित्र 5.2 में हवा की गति में परिवर्तन को दर्शाया गया है। हवा की गति का ऊर्ध्वाधर परिवर्तन, भूतल की ऊबड़-खाबड़ एवं सतह के निकट, गति पर निर्भर करता है। भूतल की roughness को स्थिरांक α से दर्शाया गया है। इस स्थिरांक का मान 0.01 व 0.3 के बीच हो

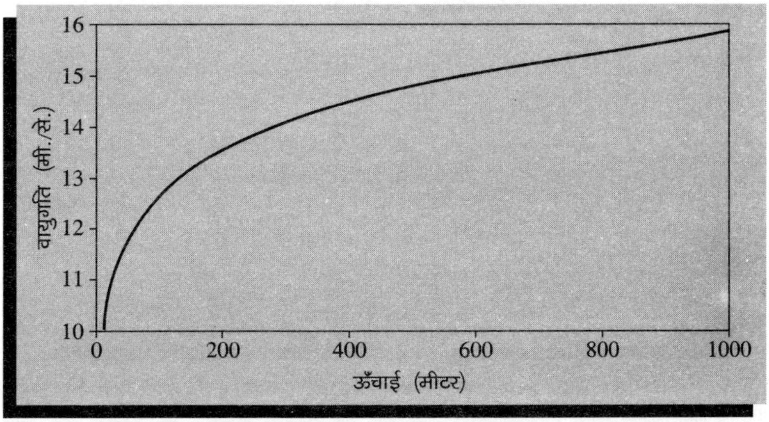

चित्र 5.2 वायु गति का ऊर्ध्वाधर परिवर्तन सतह से 10 मी. ऊँचाई पर वायु गति 10 मी./सेकेण्ड मानी गई है।

सकता है। जल क्षेत्रों जैसे समुद्र में α मान लगभग 0.01 कृषि क्षेत्र आदि जहाँ पेड़ हों, में α का मान 0.12 व ग्रामों व शहरों के लिए α का मान लगभग 0.28 होता है।

किसी क्षेत्र विशेष में दी हुई ऊँचाई पर यदि हवा की गति ज्ञात हो, तो उसी क्षेत्र पर अन्य किसी भी ऊँचाई पर हवा की गति (V) ज्ञात की जा सकती है। इसका सूत्र है–

V (अज्ञात ऊँचाई पर) = V (ज्ञात ऊँचाई पर) × (नई ऊँचाई/निर्देशित ऊँचाई)$^{\alpha}$

यहाँ नई ऊँचाई वह ऊँचाई है जिस पर हवा की गति ज्ञात करनी है व निर्देशित ऊँचाई वह ऊँचाई है जिस पर हवा की गति ज्ञात है। यहाँ α roughness constant है। जैसा कि ऊपर बताया गया है।

5.1.3 वायु गति का वितरण (Distribution of Wind Speed)

किसी क्षेत्र विशेष पर हवा की गति दिन के विभिन्न समय पर एवं मौसम के अनुसार बदलती है। चूँकि पवन से प्राप्त की जा सकने वाली शक्ति हवा की गति के घन (cube) पर निर्भर है, अतः किसी स्थान पर हवा की गति में परिवर्तन ज्ञात करना महत्वपूर्ण है। चूँकि दैनिक परिवर्तन व प्रति घण्टे होने वाले परिवर्तन का अनुमान करना कठिन है अतः वायु गति का आँकड़ा लम्बे समयान्तराल (कई वर्ष) में निकाला जाता है व सामान्यतः इसे हिस्टोग्राम के रूप में दर्शाया जाता है। चित्र 5.3 में Lee Raneh Facility, Colorado, USA, का हिस्टोग्राम दर्शाया गया है। एक हिस्टोग्राम में एक निश्चित सीमा में वायु गति की संभावना को दर्शाया जाता है। इसे घण्टों की संख्या के रूप में भी दर्शाया जा सकता है (एक वर्ष में कुल घण्टे = 365 × 24 = 8760 घण्टे होते हैं)।

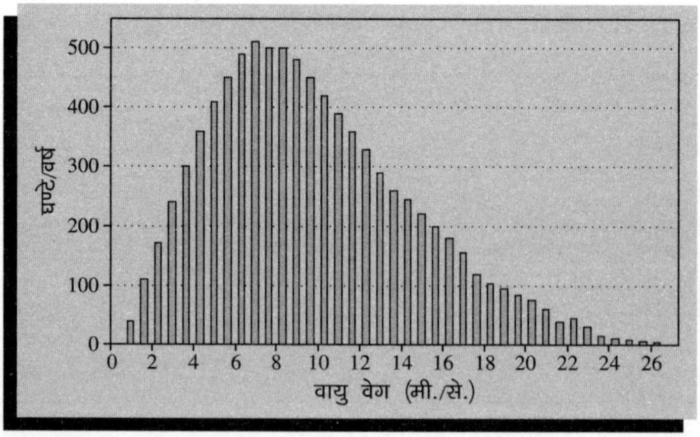

चित्र 5.3 सामान्यतः एक स्थान पर हवा की गति के संभावित घण्टों की संख्या (हवा की गति का हिस्टोग्राम)। भारत में किसी स्थान के लिए इस प्रकार का हिस्टोग्राम मौसम विज्ञान केन्द्र से प्राप्त किया जा सकता है।

5.2 वायु में निहित शक्ति (Power in the Wind)

एक टर्बाइन से होकर बहने वाली हवा की गतिक ऊर्जा (kinetic energy) से विद्युत ऊर्जा उत्पन्न की जाती है। बहती हवा में निहित शक्ति (P), हवा की गति (V) व हवा के घनत्व (ρ) पर निर्भर करती है। यह निम्न सूत्र में दर्शाया गया है।

$$P = 1/2\ \rho\ V^3 A \text{ (वॉट में)}$$

यहाँ A टर्बाइन का वह क्षेत्र है जो घूर्णन करने वाली ब्लेड्स द्वारा कवर किया जाता है। शक्ति वायु की गति के घन (cube) पर निर्भर करती है। अतः यदि वायु की गति 2 घटकों (factors) से बढ़ जाती है तो शक्ति आउटपुट 8 घटकों (factors) से बढ़ जायेगा। साथ ही शक्ति क्षेत्रफल की भी समानुपाती है। अतः एक बड़ी विन्ड (वायु) टर्बाइन से अधिक शक्ति प्राप्त होगी। वायु की शक्ति वायु के घनत्व पर भी निर्भर करती है, जो कि विभिन्न स्थितियों के अनुसार बदलता है। एक आदर्श तापमान (Standard Temp. 25°C) आदर्श व दाब (Standard Pressure) (760 mm of Hg) में वायु का घनत्व 1.22 kg/m³ मापा गया है। इस मान को लेते हुए शक्ति का एक सरल सूत्र निम्न है—

$$P = 0.06 V^3 A \text{ (वॉट)}$$

5.2.1 वायु की शक्ति का रूपान्तरण : विन्ड टर्बाइन (Conversion of Wind Power: Wind Turbine)

एक विन्ड टर्बाइन पवन ऊर्जा को विद्युत ऊर्जा में रूपान्तरित करता है। एक विन्ड टर्बाइन विद्युत पंखे की तरह ही होता है, परन्तु विपरीत दिशा में कार्य करता है। एक पंखा विद्युत ऊर्जा को यांत्रिक ऊर्जा में परिवर्तित करता है जो हमें हवा देती है जबकि विन्ड टर्बाइन हवा के बहाव को यांत्रिक गति में परिवर्तित करता है एवं हमें विद्युत शक्ति प्रदान करता है। साथ ही विन्ड टर्बाइन विद्युत पंखों की तुलना में बहुत बड़े आकार के होते हैं।

विन्ड टर्बाइन कई प्रकार के होते हैं जो पवन ऊर्जा को उपयोगी ऊर्जा में परिवर्तित करते हैं। इनमें से कुछ हैं प्रोपेलर टाइप विन्ड टर्बाइन जिनका शक्ति उत्पादन के लिए सबसे अधिक उपयोग किया जाता है। मल्टी ब्लेड विन्ड टर्बाइन ग्रामीण क्षेत्रों में उपयोगी होता है, विशेषतः वॉटर पम्पिंग में। विन्ड टर्बाइन के दो अन्य प्रकार सेवोनियस विन्ड टर्बाइन एवं डेरियस विन्ड टर्बाइन हैं। इन मशीनों की चर्चा यहाँ की जा रही है।

5.2.2 वायु शक्ति रूपान्तरण की दक्षता : Cp (Efficiency of Wind Power Conversion : Cp)

उपरोक्त सूत्र में P वायु प्रवाह की कुल शक्ति दर्शाता है। ऊर्जा परिवर्तित करने की प्रक्रिया में, कुल वायु प्रवाह के कुछ भाग की ऊर्जा को ही उपयोगी ऊर्जा में परिवर्तित किया जा सकता है। विन्ड टर्बाइन, वायु की गतिक ऊर्जा से शक्ति उत्पन्न करता है। विन्ड टर्बाइन पर उत्पादित शक्ति की मात्रा, हवा की गतिक ऊर्जा में परिवर्तन के बराबर होती है। अतः टर्बाइन से होकर जाने वाले वायु प्रवाह की गतिक ऊर्जा में जितना

अधिक परिवर्तन होगा उतनी ही अधिक शक्ति का उत्पादन होगा। सबसे अधिक गतिक ऊर्जा परिवर्तन प्राप्त होगा, जब टर्बाइन के दूसरी तरफ वायु प्रवाह रुक जाए अर्थात् शून्य गतिक ऊर्जा परन्तु रोटेटिंग टाइप के विन्ड मशीन में वायु वेग का पूरी तरह रुकना संभव नहीं है। बेट्ज लिमिट के अनुसार (जिसे 1919 में बनाया गया) अधिकतम 59% वायु शक्ति को उपयोगी शक्ति में रूपान्तरण किया जा सकता है। बेइन लिमिट को एक विन्ड टर्बाइन की आदर्श दक्षता माना जा सकता है। व्यावहारिक रूप से देखा जाए तो, बिन्दु टर्बाइन की वास्तविक दक्षता कम होती है और उसे परफॉर्मेंस गुणांक (या सम्पादन गुणांक) के रूप में दर्शाया जाता है। इसे Cp से दर्शाया जाता है। इसे ज्ञात करने के लिए विन्ड मशीन की वास्तविक शक्ति आउटपुट को उपलब्ध वायु शक्ति से विभाजित करके परफार्मेंस गुणांक निकाला जा सकता है।

$$Cp = \frac{P(\text{real})}{P(\text{ideal})}$$

या

$$Cp = \frac{P(\text{real})}{0.6\,V^3 A}$$

वास्तव में बेट्ज लिमिट द्वारा दी गई दक्षता की अपेक्षा विन्ड टर्बाइन निम्न (less) दक्षता से वायु ऊर्जा का परिवर्तन करती है। इसका कारण है कुछ हानियाँ, (ब्लेड पर होने वाली रगड़, रोटर द्वारा उत्पन्न भँवर) ये कमियाँ सभी प्रकार के विन्ड टर्बाइन में होती हैं। वास्तव में विन्ड टार्बाइन का Cp बेट्ज लिमिट से कम होता है। इसकी आगे चर्चा की गई है। परन्तु इसके पहले विन्ड टर्बाइन से सम्बन्धित अन्य पैमानों पर ध्यान देते हैं जैसे कि छोर गति अनुपात (tip speed ratio) है।

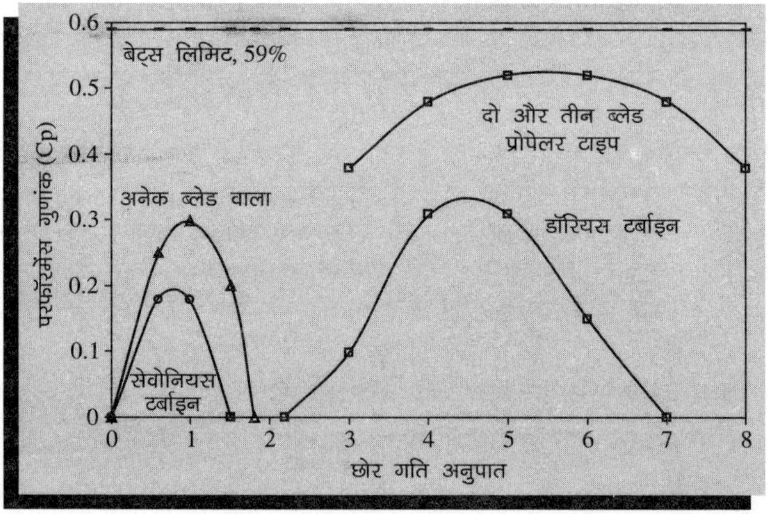

चित्र 5.4 कोफिशिएन्ट ऑफ परफारमेन्स (Cp) व टिप स्पीड रेशियो (λ) (छोर गति अनुपात) कई प्रकार की विन्ड टर्बाइनों के लिए। अधिकतम संभावित विन्ड टर्बाइन की क्षमता (बेट्ज लिमिट) भी दर्शायी गई है।

छोर गति अनुपात (tip speed ratio) (λ) रोटॉर ब्लेड की गति और प्राकृतिक वायु गति (Undisturbed wind speed) का अनुपात है। Undisturbed वायु गति वह गति है जो विन्ड मशीन से अलग प्रवाहित होती है। यदि रोटॉर ω घूर्णन प्रति मिनट करता है (कोणीय गति), व रोटॉर की परिधि R है तो रोटॉर छोर (tip) की रेखीय गति (linear speed) होगी $= \omega \times R$ माना कि undisturbed वायु गति V है तब छोर गति अनुपात (Tip speed ratio) होगा,

$$\text{Tip speed ratio, } \lambda = \omega \times R/V$$

यह निरीक्षण किया गया है कि विन्ड टर्बाइन की दक्षता वायु गति बढ़ने के साथ बढ़ती है परन्तु उच्च वायु गति पर दक्षता कम होती है। अतः एक निश्चित उच्चतम वायु गति है जिस पर टर्बाइन का परफॉर्मेंस सबसे अधिक होता है। यह स्थिति तब देखने को मिलेगी जब Cp व छोर गति अनुपात का ग्राफ बनाया जाए। चित्र 5.4 में Cp – λ ग्राफ विभिन्न मशीनों के लिए दिया गया है। इस ग्राफ द्वारा, एक निश्चित वायु गति पर एक मशीन कितनी ऊर्जा उत्पादित करेगी, यह निकाला जा सकता है।

5.3 विन्ड टर्बाइन के प्रकार (Types of Wind Turbines)

विन्ड टर्बाइन रोटॉर के आधार पर विभाजित किये जाते हैं। विन्ड टर्बाइन रोटॉर (जो वायु ऊर्जा को यांत्रिक गति में परिवर्तित करते हैं) के आधार पर दो मुख्य श्रेणियों में विभाजित किया जा सकता है– (a) एयरोडायनेमिक लिफ्ट आधारित रोटॉर, (b) एयरोडायनेमिक ड्रेग आधारित रोटॉर। इन्हें नीचे विस्तार में बताया गया है–

लिफ्ट बल (Lift Force): यह वह बल है, जो किसी ठोस वस्तु के, तरल में गति से उत्पन्न होता है (जैसे टर्बाइन ब्लेड्स की हवा में गति)। उत्पन्न बल वायु प्रवाह की दिशा की ऊर्ध्वाधर (perpendicular) दिशा में कार्य करता है। यह किसी वायुयान के दबाव में अन्तर के कारण ऊपर उठने की तरह ही है।

ड्रेग बल (Drag Force): यह वह बल है, जो कि किसी ठोस वस्तु के तरल (तरल या गैस) में गति को रोकता है। विन्ड मशीन में यह बल टर्बाइन ब्लेडों पर लगता है जो कि उनसे होने वाले वायु प्रवाह के कारण होता है। चूँकि ड्रेग बल एक वस्तु की गति का विरोध करता है, अतः यह वायु प्रवाह की दिशा में ही कार्य करता है।

ड्रेग बल आधारित विन्ड मशीन (Wind Machine based on Drag Force): प्रारम्भिक समय में उपयोग की जाने वाली विन्ड मशीन ड्रेग बल पर ही आधारित होती थीं। ड्रेग बल आधारित विन्ड मशीन उच्च बल आपूर्ण (torque) प्रदान करते हैं। परन्तु निम्न (less) चक्कर प्रति मिनट (rpm) की गति देते हैं। इस गुण के कारण ये मशीनें वॉटर पम्पिंग एवं पिसाई (grinding) हेतु उपर्युक्त हैं। ये मशीनें तुलनात्मक रूप से अधिक दक्ष नहीं है, उनका परफॉर्मेंस गुणांक 0.15–0.30 के बीच होता है, अतः उनकी दक्षता 15%–30% के बीच होती है।

लिफ्ट बल आधारित विन्ड मशीन (Wind Machine based on Lift Force): वर्तमान में विन्ड मशीन लिफ्ट एयरोडाइनामिक बल पर आधारित है, जो

वायु ऊर्जा को विद्युत ऊर्जा में परिवर्तित करते हैं। इन मशीनों का बल आघूर्ण (torque) कम से मध्यम होता है व गति अधिक चक्कर प्रति मिनट (rpm) होती है। इन मशीनों का परफॉर्मेंस गुणांक 0.30 से 0.40 (30%–40% दक्षता) के बीच होता है। इस तरह के विन्ड टर्बाइन मुख्यतः विद्युत उत्पादन के लिए उपयोग किए जाते हैं।

क्षैतिज एवं ऊर्ध्व अक्ष (Horizontal and Vertical Axis): विन्ड टर्बाइन के प्रकारों का विभाजन उन अक्षों के आधार पर किया जा सकता है जिन पर रोटॉर घूर्णन करता है। क्षैतिज अक्ष वाला टर्बाइन वह है जिसमें घूर्णन अक्ष सतह के समानान्तर होता है, जबकि ऊर्ध्व अक्ष टर्बाइन में घूर्णन अक्ष (रोटॉर जिस पर घूर्णन करता है) सतह के ऊर्ध्वाधर होता है। वर्तमान में 90% विन्ड टर्बाइन क्षैतिज अक्ष वाली मशीनें है ये अधिकांशतः दो या तीन ब्लेड वाली प्रोपेलर टाइप की मशीनें हैं (चित्र 5.5)। ये मशीनें लिफ्ट बल पर कार्य करती हैं। सेवोनियस व डॉरियस टर्बाइन ऊर्ध्व अक्ष मशीनें हैं। इनमें डॉरियस मशीन लिफ्ट बल पर जबकि सेवोनियस टर्बाइन ऊर्ध्व अक्ष मशीनें हैं। इनमें डॉरियस लिफ्ट बल पर जबकि सेवोनियस टर्बाइन, ड्रेग बल पर कार्य करती है। क्षैतिज अक्ष विन्ड मशीनों में विशेष इन्फ्रास्ट्रक्चर की आवश्यकता होती है। जहाँ जनरेटर, गियर बॉक्स आदि हब की ऊँचाई पर रखा जा सकता है। वहीं ऊर्ध्व अक्ष मशीनों में इन्हें सतह पर रखा जा सकता है। परन्तु क्षैतिज अक्ष मशीनों में ऊँचा टॉवर होने का फायदा यह है कि ऊँचाई पर हवा की गति अधिक होने से अधिक शक्ति उत्पादन होता है।

(a) (b) (c)

चित्र 5.5 (a) ऊर्ध्व अक्ष पर वायुयान के पंखे के समान वायु टरबाइन (लिफ्ट बल), (b) क्षैतिज अक्ष वाली डॉरियस वायु टरबाइन (लिफ्ट बल), (c) अनेक प्रकार की टरबाइन (ड्रैग बल)।

स्थायी गति या परिवर्तनीय गति (Constant Speed or Variable Speed): हवा की गति समय के साथ परिवर्तित होती रहती है, जिसके कारण रोटॉर गति भी परिवर्तित

होती रहती है। परिणामतः उत्पादित शक्ति की मात्रा भी बदलती रहती है। अतः परिवर्तनीय आवृति की अपेक्षा स्थायी शक्ति की मात्रा प्राप्त करने के लिए अतिरिक्त कार्य की आवश्यकता है (जैसे 50 Hz आवृति वाली शक्ति)। यह मशीन के डिजाइन पर निर्भर है कि किस डिज़ाइन में रोटॉर की गति परिवर्तनीय है। छोटे उपयोग जैसे वॉटर पम्पिंग व बैटरी चार्जिंग में गति परिवर्तन (variation) की सलाह दी जाती है। (क्योंकि स्थायी गति की तुलना में परिवर्तनीय गति में अधिक शक्ति उत्पादन होता है, शक्ति V^3 के समानुपाती है)। परन्तु बड़े जनरेटर में रोटॉर एक स्थायी गति पर ही घूर्णन करता है। इस मशीन में सरल जनरेटर का उपयोग किया जा सकता है व उत्पादित विद्युत सीधे ग्रिड में पहुँचाई जा सकती है। यदि परिवर्तनीय गति वाला रोटॉर लगाया जाएगा तो उत्पादित शक्ति की आवृति भी परिवर्तनीय होगी, इस स्थिति में उत्पादित विद्युत सीधे ग्रिड में नहीं पहुँचाई जा सकती है।

5.3.1 विन्ड टर्बाइन के अवयव या भाग (Components of Wind Turbine)

विवेचना हेतु विद्युत उत्पादन करने वाले विन्ड टर्बाइन को उदाहरणस्वरूप लिया गया है। इसके अवयव हैं : रोटॉर, ट्रान्समिशन संयंत्र, जनरेटर, यॉ (Yaw) व कन्ट्रोल सिस्टम। रोटॉर के अतिरिक्त, अधिकांश भाग नेसल (Nacelle) के अन्दर रखे जाते हैं (चित्र 5.6)। नेसल को टॉवर पर फिट किया जाता है।

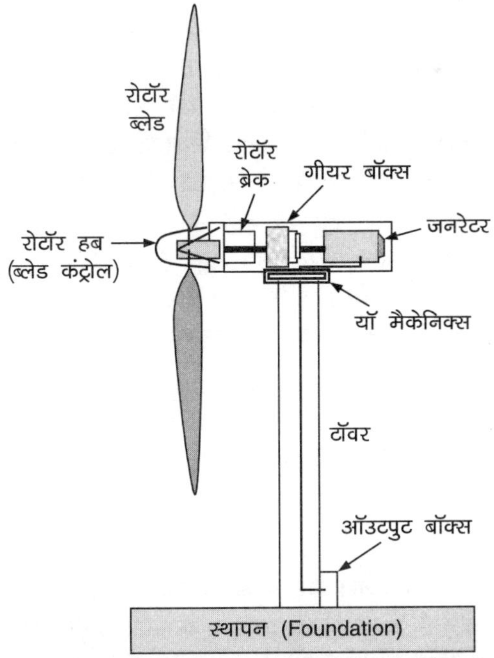

चित्र 5.6 एक सामान्य विन्ड टर्बाइन का चित्र व उसके अवयव।

रोटॉर (Rotor): रोटॉर ही हवा की गतिक ऊर्जा को यांत्रिक ऊर्जा में (रोटॉर की गति से) परिवर्तित करता है। रोटॉर के कार्य एवं प्रकार के बारे में "विन्ड मशीन के प्रकार" हम चर्चा कर चुके हैं। तकनीकी विकास के साथ, रोटॉर का बड़ा आकार भी उपयोग होने लगा है। 4–5 MW पॉवर वाले बहुत बड़े टर्बाइन में लगभग 100 मीटर व्यास वाले या उससे अधिक व्यास वाले रोटॉर उपयोग किये जाते हैं।

रोटॉर में दो या तीन ब्लेड हो सकते हैं ये ब्लेड, ग्लास, प्लास्टिक, लकड़ी, कार्बन फाइबर संग प्लास्टिक, स्टील व एलुमिनियम के बनाए जा सकते हैं। ब्लेड मैटीरियल, कम वजन उच्च कठोरता वाला होना चाहिए। Glass reinforced plastic सबसे अधिक उपयोग होने वाला मैटीरियल है।

ट्रान्समिशन सिस्टम (Transmission System): ट्रान्समिशन सिस्टम ब्लेडों द्वारा उत्पादित यांत्रिक शक्ति को जनरेटर तक पहुँचाता है। ट्रान्समिशन सिस्टम में शाफ्ट, गियरबॉक्स, ब्रेकिंग सिस्टम आदि नेसल (nacelle) के अन्दर रखे होते हैं। गियर बाक्स रोटॉर की कम (less) घूर्णन गति लगभग 20–50 घूर्णन प्रति मिनट को 1500 rpm तक बढ़ाता है जो जनरेटर के लिए आवश्यक है। 1500 rpm पर उतनी आवृत्ति वाली विद्युत शक्ति उत्पादित होती है जो कि ग्रिड के लिए जरूरी है। एक ट्रान्समिशन सिस्टम उच्च गुणांक क्षमता वाला (high dynamic torque capability) होना चाहिए क्योंकि वायु गति परिवर्तित होती रहती है।

जनरेटर (Generator): एक जनरेटर रोटॉर की यान्त्रिक गति को विद्युत ऊर्जा में परिवर्तित करता है। यह विद्युत चुम्बकीय प्रवाह के सिद्धान्त पर कार्य करता है। जब एक चालक (conducting) कॉइल को चुम्बकीय क्षेत्र में घुमाया जाता है, तो कॉइल के सिरों पर वोल्टेज पैदा हो जाता है, जो शक्ति का स्त्रोत बन जाता है। एक विन्ड मशीन से जुड़े ग्रिड के जनरेटर को भी ग्रिड की आवृति के बराबर (50 Hz भारत में) आवृति उत्पादित करनी पड़ती है। जनरेटर सिनक्रोनस या एसिनक्रोनस जनरेटर हो सकता है। एक सिनक्रोनस जनरेटर स्थिर आवृति की शक्ति आउटपुट प्रदान करता है परन्तु रोटॉर गति परिवर्तन इसमें सम्भव नहीं है। जबकि एक इन्डक्शन जनरेटर स्थिर आवृति की शक्ति आउटपुट प्रदान करता है। साथ ही रोटॉर गति में परिवर्तन भी होता रहता है। वास्तव में एक स्थिर वायु गति प्राप्त करना संभव नहीं है। अतः परिवर्तनीय रोटॉर गति वाले इन्डक्शन जनरेटर का सामान्यतः उपयोग किया जाता है।

यॉ सिस्टम (Yaw system): क्षैतिज अक्ष टर्बाइन में यॉ सिस्टम होता है जो कि रोटॉर को वायु की दिशा के अनुसार घुमा देता है। एक रोटॉर स्वेप्ट क्षेत्र (rotar swept area) को वायु दिशा के ऊर्ध्वाधर गतिमान होना चाहिए। साथ ही यह यॉ सिस्टम रोटॉर के कट ऑफ में काम आता है, जब वायु गति बहुत अधिक तेज़ हो। यह मशीन की सुरक्षा की दृष्टि से लगाया गया है।

टॉवर (Tower): वह टॉवर जिस पर विन्ड टर्बाइन को स्थापित किया जाता है, वह केवल स्पोर्ट के लिए नहीं है वरन् विन्ड टर्बाइन को उस ऊँचाई पर पहुँचाते हैं जिस पर अधिक वेग वाली वायु मिले। एक बड़ी विन्ड मशीन में टॉवर अन्दर से खोखला होता है, जिससे होकर नेसल तक उसके रख-रखाव हेतु पहुँचा जा सकता है। यह विदित है कि जमीन से ऊँचाई बढ़ने पर वायु की गति बढ़ जाती है। किसी टॉवर की ऊँचाई

निर्धारण दो बातों पर निर्भर करती है, पहली यह कि प्रति मीटर टॉवर की कीमत कितनी है, दूसरी उत्पादित होने वाली ऊर्जा की मात्रा। अध्ययन से ज्ञात होता है कि प्रति मीटर टॉवर की ऊँचाई बढ़ने पर बढ़ी कीमत में कोई नुकसान नहीं है क्योंकि ऊँचाई बढ़ने पर अधिक वेग की वायु मिलने से ऊर्जा उत्पादन भी अधिक होता है। बड़े विन्ड टर्बाइन सामान्यतः 40–70 मीटर टॉवर पर स्थापित किए जाते हैं।

5.3.2 विश्व में विन्ड तकनीक संस्थापना (Worldwide Wind Installation)

वर्ल्ड एनर्जी काउंसिल (world energy council) के अनुसार पृथ्वी के 27% भाग को 10 मीटर ऊँचाई पर औसत वार्षिक वायु गति 5 मीटर/सेकेण्ड प्राप्त होती है। इनमें से केवल 4% क्षेत्र ही विन्ड फार्म की स्थापना के लिए उपलब्ध है, क्योंकि अन्य क्षेत्र कृषि, शहरी, ग्रामीण क्षेत्रों में है। इन सभी सीमाओं को ध्यान में रखते हुए यह आँकलन किया गया है, कि ग्लोबल विन्ड ऊर्जा पोटेन्शियल लगभग 20,000 TWh है।

वायु ऊर्जा तकनीकें निवेशात्मक हैं, अतः इनमें निवेश आवश्यकता बहुत अधिक होती हैं (मशीन के संस्थापन में निवेश, स्थल की तैयारी आदि) परन्तु बाद में रखरखाव में अधिक खर्च नहीं आता है। यदि हम लम्बे समय तक चलने वाली मशीनों के बारे में सोचें तो, विन्ड मशीन से विद्युत उत्पादन, अन्य अक्षय तकनीकों से विद्युत उत्पादन की अपेक्षा आर्थिक दृष्टि से अधिक लाभदायक है।

पिछले कई वर्षों से वायु ऊर्जा उद्योग (wind energy industry) में विकास लगभग 25% से, यानि कि अच्छे स्तर पर हो रहा है। Global wind energy council (GWEC) के आँकड़ों के अनुसार सन् 2006 में संस्थापन क्षमता में 15, 197 मेगावॉट (MW) की वृद्धि हुई है। परिणामतः सन् 2005 की 59,091 MW संस्थापन क्षमता में वृद्धि होकर यह 74,223 MW हो गई हैं। यह आर्थिक दृष्टि से भी बहुत महत्त्वपूर्ण है, इस उद्योग का कुल आर्थिक मान US $ 23 बिलियन (सन 2006) तक पहुँच गया है। तालिका 5.1 में विश्व के मुख्य 10 देशों की संस्थापन क्षमता दर्शाई गई है। भारत में भी वायु ऊर्जा तकनीकों में हुआ विकास अवलोकनीय हैं। वायु शक्ति संस्थापन के क्षेत्र में भारत दुनिया का चौथा देश बन गया है।

तालिका 5.1 वायु शक्ति संस्थापन की क्षमता वाले प्रथम दस देश

रैंक	*राष्ट्र*	2005 (MW)	2006 (MW)
1	जर्मनी	18,415	20,622
2	स्पेन	10,028	11,615
3	सं.रा. अमेरिका	9,149	11,603
4	भारत	4,430	6,270
5	डेनमार्क	3,136	3,140
6	चीन	1,260	2,604
7	इटली	1,718	2,123
8	इंग्लैण्ड	1,332	1,963
9	पुर्तगाल	1,022	1,716
10	फ्रांस	757	1,567

5.4 विन्ड टर्बाइन का आकार निर्धारण एवं डिजाइन (Wind Turbine Sizing and Systems Design)

5.4.1 एक विन्ड टर्बाइन से उत्पादित ऊर्जा (Energy Derived from a Wind Turbine)

विन्ड टर्बाइन की ऊर्जा आउटपुट की गणना करने के लिए शक्ति को घण्टों की संख्या से गुणा करना होता है। यह शक्ति हवा की गति पर निर्भर करती है। अतः एक वर्ष में विभिन्न समयान्तराल (घण्टों के रूप में) में वायु गति का वितरण (distribution) ज्ञात करना आवश्यक है (उदाहरण के लिए वायु गति का वितरण चित्र 5.3 में दिया गया है)। एक वर्ष में विन्ड मशीन द्वारा उत्पादित कुल ऊर्जा निकालने के लिए दी गई वायु गति पर उत्पादित शक्ति के योग को प्रति वर्ष वायु गति के घण्टों की संख्या से गुणा करना होगा, जैसा कि नीचे दिया हुआ है।

$$\text{वार्षिक उत्पादित ऊर्जा} = \Sigma P_i h_i \text{ (in Wh)}$$

यहाँ P_i दी हुई वायु गति पर शक्ति व i और h_i उस गति के पूरे वर्ष में घण्टों की संख्या है। i का मान शून्य से उच्चतम संभव वायुगति के घण्टों के मान तक हो सकता है (0.5 से 1 घण्टे के अन्तराल पर)।

मुख्यतः विन्ड टर्बाइन एक औसत शक्ति आउटपुट उत्पादित करेगा, जो कि अंकित शक्ति आउटपुट का कुछ अंश होगा। अंकित शक्ति वह आउटपुट है, जिसके लिए विन्ड टर्बाइन डिजाइन किया गया है। इसे चित्र 5.7 में दर्शाया गया है। वास्तविक शक्ति आउटपुट का अनुपात अंकित शक्ति से 30% होता है विन्ड टर्बाइन का क्षमता घटक (capacity factor) वर्ष का वह भाग है जिसमें एक विन्ड टर्बाइन इसकी अधिकतम अंकित शक्ति के बराबर शक्ति उत्पादित करता है। इससे पता चलता है कि एक विन्ड टर्बाइन की क्षमता घटक निम्न (low) है। अधिकांशतः क्षेत्रों के लिए क्षमता घटक 15 से 30% के बीच होता है, परन्तु यह अलग भी हो सकता है।

चित्र 5.7 में वायु गति की तुलना में विन्ड टर्बाइन की शक्ति आउटपुट का ग्राफ दर्शाया गया है। इस विन्ड टर्बाइन में 161 वर्ग मीटर रोटॉर क्षेत्रफल 37% परफॉर्मेंस स्थिरांक (Cp), और 100 kW की शक्ति आउटपुट है। इस आंकड़े से यह भी स्पष्ट है कि 3 m/s से कम वायु गति में मशीन कोई शक्ति उत्पादित नहीं करती, क्योंकि इतनी कम गति में रोटॉर कार्य नहीं करता। इसे विन्ड टर्बाइन की कट–इन गति कहते हैं (इस उदाहरण में 3 m/s है)। अधिकतम शक्ति आउटपुट 14 m/s पर होती है, जो कि मशीन की अंकित कट–आउट वायु गति है।

चित्र 5.7 देखने पर यह स्पष्ट है कि 14 मीटर/सेकेण्ड से अधिक वायु गति होने पर, टर्बाइन केवल अंकित शक्ति उत्पादित करता है, जबकि उच्च शक्ति भी उत्पादित की जा सकती है। यह एक मशीन को डिजाइन करते समय ही निश्चित किया जाता है, जिसमें कुछ बिन्दुओं को ध्यान में रखा जाता है, जैसे कि मशीन में उपयोग किए गए मैटीरियल की मजबूती, उसका वजन व कीमत आदि। चूँकि अंकित वायु गति

1.4 मीटर/सेकेण्ड होती है, अतः उससे अधिक वायु गति होने पर कुछ ऊर्जा की हानि हो सकती है। विन्ड टर्बाइन अंकित शक्ति से अधिक शक्ति उत्पादित न करे इस बात का ध्यान रखा जाता है इसके लिए मशीन में एक रेग्युलेटिंग मैकेनिज्म लगाई जाती है। साथ ही बहुत अधिक वायु गति होने पर विन्ड टर्बाइन को बन्द कर देना चाहिए या इसे वायु की दिशा से अलग हटा लेना चाहिए (क्षेत्र की सतह वायु गति की दिशा में ही होना चाहिए, जिससे मशीन की कोई क्षति न हो) वह विन्ड स्पीड जिस पर मशीन उखड़ जाए उसे कट–ऑफ गति कहते हैं। (देखें चित्र 5.7)।

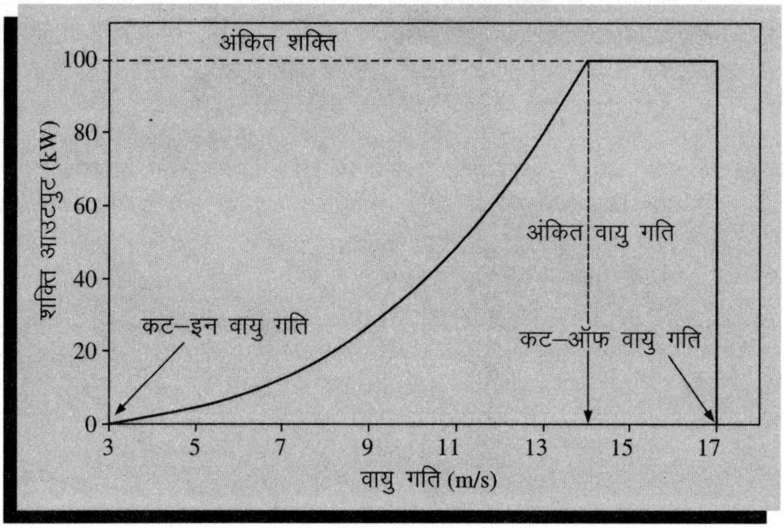

चित्र 5.7 एक विन्ड टर्बाइन का वास्तविक शक्ति आउटपुट एवं वायु गति जिसकी अंकित शक्ति व 100 kW, 14 मीटर/सेकेण्ड वायु गति पर दी गई है इस विन्ड टर्बाइन की कट–इन गति 3 m/s है व कट–आफ गति 17 m/s है।

5.4.2 वार्षिक ऊर्जा उत्पादन : अनुमानित तथा निश्चित मान (Annual Energy Production: Approximate and Accurate)

एक 100 kW अंकित शक्ति वाली विन्ड मशीन वर्ष भर में कितनी ऊर्जा उत्पादित करेगी। इसे ज्ञात करने के लिए विन्ड मशीन की अंकित शक्ति को, एक वर्ष के कुल घण्टों की संख्या से गुणा करना होगा–

$$100\ \text{kW} \times 8760\ \text{घण्टे (एक वर्ष में)} = 876{,}000\ \text{kWh}$$

परन्तु यह ऊर्जा तभी उत्पादित होगी जब वायु पूरे वर्ष, अंकित गति पर बहेगी जो कि संभव नहीं है। अतः वास्तविक ऊर्जा आउटपुट ज्ञात करने के लिए हमें उपरोक्त आँकड़ों को क्षमता घटक (capacity factor) से गुणा करना होगा। माना कि यहाँ क्षमता घटक 30% है, तब वार्षिक ऊर्जा उत्पादन–

$$100 \times 8760 \times 0.30 = 262800\ \text{kWh}$$

एक कोयला आधारित पॉवर प्लाण्ट का क्षमता कारक (capacity factor) 80% से ज्यादा होता है। स्पष्ट है कि एक 100 kW का कोयला पॉवर प्लाण्ट 100 kW के विन्ड टर्बाइन की अपेक्षा दुगुनी से भी अधिक ऊर्जा उत्पादित करता है।

क्षमता घटक के द्वारा एक विन्ड मशीन की अनुमानित (लगभग) वार्षिक ऊर्जा आउटपुट निकाला जाता है। बिलकुल सही मान (accurate) पता करने के लिए हमें कुछ बिन्दु पता होने चाहिए, जैसे—(a) लम्बे समय का वायु वितरण, और (b) विन्ड मशीन की (पॉवर) शक्ति सम्बन्धित विशेषताएँ (चित्र 5.3 व चित्र 5.7 देखें) ऊपर के दोनों ग्राफों के अध्ययन से ऊर्जा आउटपुट अनुमानित करने के लिए तालिका 5.2 तैयार की गई है। इसमें विभिन्न वायु गतियों के लिए ऊर्जा आउटपुट की गणनाओं को दर्शाया गया है। तालिका 5.2 के वायु गति वितरण, विण्ड की आउटपुट शक्ति व उत्पन्न ऊर्जा को चित्र 5.8 में दर्शाया गया है।

तालिका 5.2 एक दिए गए वायु गति वितरण के लिए वार्षिक ऊर्जा उत्पादन की गणना। इस विन्ड टर्बाइन की अंकित शक्ति 100 kW, अंकित वायु गति 14 m/s, कट-इन वायु गति 3 मीटर/सेकण्ड, रोटॉर क्षेत्र 161 m^2, कोफिशिएण्ट ऑफ परफॉरमेन्स—0.37।

वायु गति (m/s)	*प्रतिवर्ष घण्टे*	*शक्ति* o/p (kW)(=$Cp \times 0.6AV^3$)	*ऊर्जा* o/p (kWh)
1	200	0	7
2	250	0	73
3	350	0	0
4	500	2	1163
5	600	5	2725
6	700	8	5494
7	800	12	9971
8	900	19	16744
9	1000	26	26490
10	950	36	34521
11	850	48	41111
12	550	63	34535
13	400	80	31934
14	350	100	34899
15	250	100	25000
16	110	100	11000
17	0	100	0
	8760 (कुल घण्टे)		**275667** (उत्पादित कुल ऊर्जा)

अतः तालिका 5.2 से स्पष्ट है कि यदि हम वायु गति की तुलना में घण्टों की संख्या का वार्षिक वितरण जानते हों, तो किसी क्षेत्र विशेष पर विन्ड मशीन द्वारा उत्पादित वार्षिक ऊर्जा ज्ञात की जा सकती है। उपरोक्त तालिका में की गई गणना को ग्राफ में दर्शाया गया है।

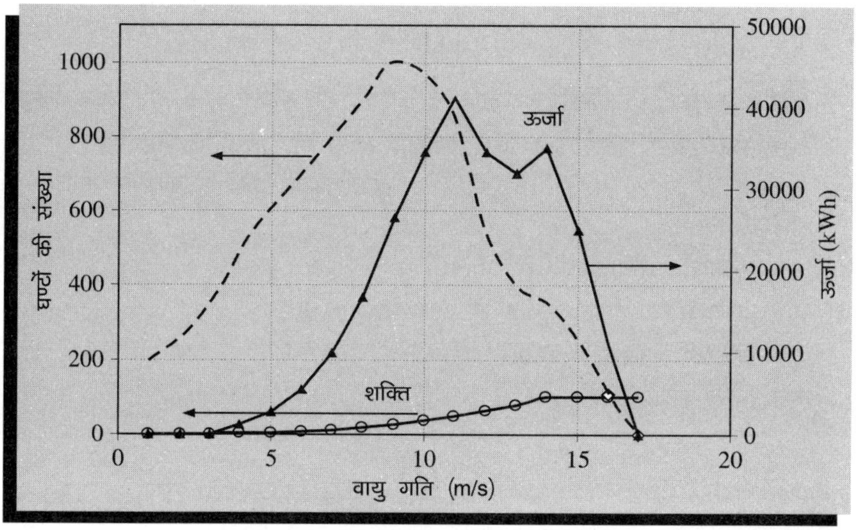

चित्र 5.8 दिए गए वायु गति वितरण 100 kW अंकित शक्ति वाली वायु मशीन से शक्ति एवं ऊर्जा आउटपुट–प्रतिवर्ष घण्टों की संख्या (देखें तालिका 5.2)।

5.4.3 आवश्यक विन्ड टर्बाइन पॉवर रेटिंग (अंकित शक्ति) का आँकलन (Estimation of Required Wind Turbine Power Rating)

माना कि एक उद्योग की वार्षिक ऊर्जा की आवश्यकता 20,000 kWh है। अतः इस आवश्यकता को पूरी करने के लिए किस आकार के विन्ड टर्बाइन को संस्थापित करने की आवश्यकता है?

आँकलन हेतु निम्नांकित अनुमान लिए गए हैं।

- वार्षिक ऊर्जा आवश्यकता = 20,000 kWh
- प्रोपेलर टाइप विन्ड मशीन उपयोग की गई है।
- परफॉर्मेंस स्थिरांक = 0.40
- 15 मीटर ऊँचाई पर वायु गति 5 m/sec है (यदि टर्बाइन हब को 15 मीटर से अधिक ऊँचाई या अलग ऊँचाई पर रखा जाए तब "ऊर्ध्वगामी वायु गति परिवर्तन अध्याय" को देखकर गति का आँकलन करना चाहिए)।
- वायु घनत्व—1 kg/m^3
- क्षमता घटक—0.30 (30% समय तक विन्ड मशीन अंकित शक्ति पर ऊर्जा उत्पादित करती है।)
- एक वर्ष में घण्टों की संख्या–8760 घण्टे।

प्रथम चरण : वायु का शक्ति घनत्व निकालें (शक्ति प्रति इकाई क्षेत्रफल)।

वायु का शक्ति घनत्व (आदर्श) (माना कि टर्बाइन हब 15 मीटर ऊँचाई पर है)।

$$= \frac{1}{2} \times \text{वायु घनत्व} \times (\text{वेग})^3$$

$$= 0.5 \times 1 \times (5 \times 5 \times 5)$$

= 62.5 वॉट/मी.^{2}

द्वितीय चरण : (हानियों को लेते हुए) उपयोगी शक्ति व ऊर्जा घनत्व निकालें।

वास्तविक शक्ति घनत्व जो कि उपयोगी ऊर्जा में परिवर्तित होता है।

= Cp × ट्रांसमिशन हानि × जनरेटर हानि

हानियाँ—

- परफार्मेंस स्थिरांक Cp = 0.40,
- ट्रान्समिशन हानि (रोटॉर से जनरेटर) = 0.90,
- जनरेटर हानियाँ = 0.90

कुल हानि घटक—

$$= 0.40 \times 0.90 \times 0.90$$

$$= 0.324$$

= आदर्श शक्ति घनत्व मान × कुल हानि घटक

वास्तविक शक्ति घनत्व—

$$= 62.5 \times 0.324$$

$$= 20.25\ \text{W/m}^2$$

वार्षिक ऊर्जा घनत्व (उपयोगी)

= शक्ति घनत्व × प्रति वर्ष घण्टों की संख्या

$$= 20.25 \times 8760 = 177.39\ \text{kWh/m}^2$$

वास्तविक ऊर्जा घनत्व कम होगा क्योंकि वायु अंकित गति पर नहीं प्रवाहित होगी (8760 घण्टों के लिए)। अतः क्षमता घटक :

वास्तविक वार्षिक ऊर्जा घनत्व

= वार्षिक ऊर्जा घनत्व (उपयोगी) × क्षमता घटक

$$= 1.77 \times 0.39 = 53.2\ \text{kWh/m}^2$$

तृतीय चरण : रोटॉर का आकार एवं टर्बाइन अंकित शक्ति (power rating) ज्ञात करें। (रोटॉर का क्षेत्रफल उपयोगी ऊर्जा घनत्व से आँकलन किया जा सकता है)।

$$\text{रोटॉर का क्षेत्रफल} = \frac{\text{कुल आवश्यक वार्षिक ऊर्जा}}{\text{वास्तविक वार्षिक ऊर्जा घनत्व}}$$

$$= \frac{20000\ \text{kWh}}{52.2\ \text{kWh/m}^2}$$

$$= 375.8\ \text{m}^2$$

रोटॉर ब्लेड का व्यास, (R)

$$\pi R^2 = 112.75$$

$$R = 5.91 \text{ m}$$

अब हम टर्बाइन की वास्तविक अंकित शक्ति का आँकलन कर सकते हैं। इसे वास्तविक शक्ति घनत्व को रोटॉर के क्षेत्रफल से गुणा कर प्राप्त किया जा सकता है।

टर्बाइन की अंकित शक्ति = वास्तविक शक्ति घनत्व × रोटॉर का क्षेत्रफल

$$= 20.25 \times 375.8$$

$$= 7.6 \text{ kW} \sim 8 \text{ kW}$$

प्रति kW के आधार पर विन्ड टर्बाइन का मूल्य 30000 से 50000 रुपए के बीच होता है। 8 kW की गणना वाली विन्ड टर्बाइन की कीमत होगी लगभग

$8 \times 40000 = 320000$ रुपए।

अभ्यास प्रश्न (Exercises)

1. पृथ्वी पर वायु प्रवाह होने का क्या कारण है?
2. वायु प्रवाह के विभिन्न पैटर्न की दिशाएँ क्या हैं? क्या किसी क्षेत्र विशेष के लिए वायु प्रवाह की दिशा वर्ष भर समान या लगभग समान रहती है?
3. किसी क्षेत्र विशेष में, सतह से 10 मीटर ऊँचाई पर वायु गति 5 मीटर प्रति सेकेण्ड है। 20 मीटर की ऊँचाई पर वायु गति क्या होगी? क्या इस प्रश्न का उत्तर क्षेत्र विशेष के लिए बदलेगा जैसे एक गाँव, एक शहर, व रेगिस्तान के लिए?
4. भोपाल शहर में जमीन की सतह से 5 मीटर ऊपर वायु गति 7 मीटर प्रति सेकेण्ड मापी गई है। 10 मीटर ऊँचाई पर वायु गति क्या होगी?
5. "वायु गति दुगुनी होने पर परिणाम है, एक विन्ड टर्बाइन की दुगुनी शक्ति आउटपुट" कथन की विवेचना कीजिए।
6. एक अधिक व्यास वाला विन्ड टर्बाइन जरूरी नहीं है, कि अधिक शक्ति उत्पादित करे। विचार व्यक्त करें।
7. एक क्षैतिज अक्ष विन्ड मशीन जिसकी रोटॉर व्यास 60 मीटर हो, को 5.4 मीटर/सेकेण्ड वेग वाली वायु उपलब्ध हो तो प्राप्त होने वाली शक्ति की गणना कीजिए। निम्नांकित सूत्र का उपयोग कर गणना करें—

$$\text{शक्ति} = \frac{1}{2}\rho v^3 A \text{ (वॉट में)}$$

$$= 0.6 v^3 A \text{ (W)}$$

8. एक क्षैतिज अक्ष विन्ड मशीन (जिसकी रोटॉर व्यास 60 मीटर हो) की 20 मीटर/सेकेण्ड वायु वेग में शक्ति की गणना कीजिए। इसकी 10 मीटर/सेकेण्ड पर उपलब्ध शक्ति, से तुलना कीजिए। शक्ति आउटपुट के मैग्नीट्यूड में अन्तर के बारे में विचार व्यक्त करें।

9. एक विन्ड मशीन के लिए परफॉर्मेंस स्थिरांक की गणना कीजिए। एक विन्ड मशीन की दक्षता से परफॉर्मेंस स्थिरांक किस तरह अलग है?

10. ड्रेग फोर्स (बल) व लिफ्ट फोर्स में क्या अन्तर है? क्या प्रोपेलर टाइप का विन्ड टर्बाइन लिफ्ट फोर्स पर कार्य करता है?

11. ऊर्ध्वाधर अक्ष (vertical axis) व क्षैतिज अक्ष (horizontal axis) विन्ड टर्बाइन में क्या अन्तर है?

12. एक वेरियेबल (परिवर्तनीय) स्पीड विन्ड टर्बाइन और एक फिक्स्ड स्पीड विन्ड टर्बाइन को चुनने के क्या पैमाने हैं?

13. भारत की (सभी स्त्रोतों को मिलाकर) शक्ति उत्पादन क्षमता लगभग 1,30,000 MW है। इस आँकड़े में से कितनी शक्ति विन्ड टर्बाइन के उपयोग से उत्पादित की गई होगी?

14. एक शक्ति उत्पादन प्लाण्ट (power generation plant) का क्षमता घटक परिभाषित कीजिए। मुख्यतः विन्ड टर्बाइन का क्षमता घटक क्या होगा?

15. एक विन्ड टर्बाइन की अंकित शक्ति से ऊर्जा आउटपुट का अनुमान किस तरह लगाया जाता है? यदि एक विन्ड टर्बाइन की अंकित शक्ति 10 kW है व उसे 5 मीटर प्रति सेकेण्ड वायु गति वाले क्षेत्र में संस्थापित किया गया है। टर्बाइन की अधिकतम संभव वार्षिक ऊर्जा क्या होगी?

16. निम्नांकित तालिका में वायु गति वितरण दर्शाया गया है, इसके लिए वार्षिक ऊर्जा आउटपुट की गणना कीजिए। विन्ड टर्बाइन के निम्न विशेष गुण हैं : अंकित शक्ति—25 kW, अंकित वायु गति—13 m/sec कट-इन गति—2 m/sec रोटॉर क्षेत्रफल—50 m^2 परफॉर्मेंस स्थिरांक 0.30।

वायु गति (m/s)	*घण्टे/वर्ष*	*शक्ति O/P* (kW)(=Cp × 0.6AV^3)	*ऊर्जा O/P* (kWh)
1	200		
2	250		
3	350		
4	500		
5	600		
6	700		
7	800		
8	900		
9	1000		
10	950		
11	850		
12	550		
13	400		
14	350		
15	250		
16	110		
17	0		
	8760 (कुल घण्टे/वर्ष)		

17. एक उद्योग 50,000 kWh ऊर्जा के वार्षिक उत्पादन हेतु विन्ड टर्बाइन संस्थापित करना चाहता है। इस स्थान पर सतह से 10 मीटर ऊँचाई पर वायु गति 7 मीटर प्रति सेकेण्ड है। इस उद्योग हेतु आप किस विन्ड टर्बाइन की सलाह देंगे। टर्बाइन आकार आँकलन करने हेतु निम्नांकित रिक्त स्थानों को भरें। आवश्यक अनुमान निकालें।

प्रथम चरण : वायु का शक्ति घनत्व निकालें (शक्ति प्रति इकाई क्षेत्रफल)

वायु का शक्ति घनत्व (आदर्श) (माना कि टर्बाइन हब .... मीटर की ऊँचाई पर है)

$$= \frac{1}{2} \times \text{...........} \text{ वायु घनत्व} \times (\text{वेग})^3$$

$$= \text{...........}\ W/m^2$$

द्वितीय चरण : उपयोगी शक्ति एवं ऊर्जा घनत्व निकालें। (हानियों को लेते हुए वास्तविक शक्ति घनत्व जो कि उपयोगी ऊर्जा में परिवर्तित होना है)

कुल हानि घटक = Cp × ट्रांसमिशन हानि × जनरेटर हानि

= ....

हानियाँ—

- परफॉर्मेंस स्थिरांक Cp = ...
- ट्रांसमिशन हानि (रोटॉर से जनरेटर) = ...
- जनरेटर हानियाँ = ...

वास्तविक शक्ति घनत्व

= आदर्श शक्ति घनत्व × प्रतिवर्ष घण्टों की संख्या

= .... × 8760 kWh/m^2

- चूँकि वायु अंकित गति 8760 घण्टे पर नहीं बहती अतः वास्तविक वार्षिक ऊर्जा घनत्व का मान कम होगा। अतः क्षमता घटक का ध्यान रखें।

वास्तविक वार्षिक ऊर्जा घनत्व = वार्षिक ऊर्जा घनत्व (उपयोगी) × क्षमता घटक

= .... × ....

= .... kWh/m^2

तृतीय चरण : रोटॉर का आकार एवं टर्बाइन अंकित शक्ति (power rating) ज्ञात करें।

रोटॉर का क्षेत्रफल (उपयोगी ऊर्जा घनत्व से आँकलन किया जा सकता है)

$$\text{रोटॉर का क्षेत्रफल} = \frac{\text{कुल आवश्यक वार्षिक ऊर्जा}}{\text{वास्तविक वार्षिक ऊर्जा घनत्व}}$$

= $kWh/\ kWh/m^2$

= .... m^2

रोटॉर ब्लेड का व्यास, R

$$\pi R^2 = \text{............}$$
$$= \text{............ m}$$

अब हम एक टर्बाइन की वास्तविक अंकित शक्ति ज्ञात कर सकते हैं। इसे वास्तविक शक्ति घनत्व को रोटॉर के क्षेत्रफल से गुणा करके ज्ञात किया जा सकता है।

टर्बाइन की अंकित शक्ति = वास्तविक शक्ति घनत्व × रोटॉर का क्षेत्रफल

= .... × ....= .... kW ~ kW

अतः एक .... kW अंकित शक्ति वाली टर्बाइन चाही गई वार्षिक ऊर्जा ....kWh देगी (दी गई परिस्थितियों में)।

जैव ईंधन ऊर्जा (BIOMASS ENERGY) 6

अध्याय रूपरेखा

6.1 विषय प्रवेश (Introduction)

जैव ईंधन या बॉयोमास वह द्रव्य है, जो जीवित निकायों द्वारा विभिन्न प्रक्रियाओं द्वारा उत्पन्न किया जाता है। इसके अन्तर्गत पौधे व जीव-जन्तु दोनों से उत्पन्न पदार्थों को शामिल किया जाता है। रासायनिक रूप से बॉयोमास, हाइड्रोजन, कार्बन, ऑक्सीजनयुक्त हाइड्रोकार्बन होते हैं। जिन्हें इस सूत्र से दर्शाते हैं $C_{6n}(H_2O)_{5n}$। बॉयोमास के विभिन्न स्त्रोत हैं, जैसे पेड़-पौधे, फसलें, जंगल से प्राप्त कच्चा माल, घरेलू अपशिष्ट व लकड़ी। अभी तक हमारी ऊर्जा आवश्यकताओं में बॉयोमास का योगदान लकड़ी व ईंधन के रूप में रहा है। इसके अतिरिक्त बॉयोमास से अनेक जरूरतें पूरी होती हैं जैसे, छत का निर्माण, जीव-जन्तुओं का भोजन, मिट्टी के लिए खाद आदि। जीवन के प्रारम्भिक काल में मनुष्य ताप प्राप्त करने के लिए लकड़ी जलाता था, तब से यह ऊर्जा का महत्वपूर्ण स्त्रोत है।

बॉयोमास सौर ऊर्जा का ही एक रूप है, इसमें सौर ऊर्जा कार्बनिक पदार्थों के रूप में संग्रहीत रहती है। पेड़-पौधे, प्रकाश संश्लेषण क्रिया के दौरान सौर ऊर्जा का उपयोग कर वातावरणीय CO_2 को कार्बोहाइड्रेट में परिवर्तित करते हैं (शक्कर, स्टार्च एवं सेल्युलोज)। प्रकाश-संश्लेषण क्रिया को निम्न सूत्र से दर्शाया गया है—

$$6\,CO_2\text{ (गैस)} + 6\,H_2O\text{ (तरल)} + \text{प्रकाश} \rightarrow C_6H_{12}O_6\text{ (ठोस)} \rightarrow 6O_2\text{ (गैस)}$$

कार्बोहाइड्रेट वह कार्बनिक पदार्थ है जो बॉयोमास से बनता है। जब पेड-पौधे मरते हैं तो उनका प्राकृतिक रूप से अपक्षय होने लगता है जिससे कार्बनिक पदार्थ, ईंधन जैसे कोयला, गैस व तेल में परिवर्तित हो जाता है। वर्तमान में हम अपनी ऊर्जा आवश्यकताओं को पूरा करने के लिए जैव (जीवाश्म) ईंधन का उपयोग कर रहे हैं। जीवाश्म ईंधन के जलने से वातावरण में CO_2 गैस मुक्त होती है। इस प्रकार CO_2 का एक चक्र पूर्ण होता है।

बॉयोमास एक अक्षय ऊर्जा स्त्रोत है, क्योंकि नए पेड़-पौधों का निरन्तर बढ़ना व उगना विकास बॉयोमास उपलब्ध कराता रहता है। यह लगभग दुनिया के सभी भागों में पाया गया है। मनुष्य के विकास की शुरूआत से ही इस क्रम में बॉयोमास का बहुत बड़ा योगदान है। अभी भी अनेक विकासशील देशों के बहुत से लोग दैनिक जीवन के लिए बॉयोमास पर निर्भर हैं। वे बॉयोमास को भोजन पकाने हेतु ईंधन के रूप में व जीविका के रूप में उपयोग करते हैं। अनुमान है कि विश्व की कुल ऊर्जा आवश्यकता में 14% बॉयोमास पूर्ति करता है। बहुत से विकासशील देशों में कुल ऊर्जा आवश्यकता में बॉयोमास का योगदान बहुत अधिक लगभग 90% भी होता है।

बॉयोमास मानव जीवन में अत्यन्त उपयोगी तो है ही, साथ ही यह पृथ्वी के पारिस्थितिक तंत्र का संतुलन बनाए रखने में भी महत्वपूर्ण भूमिका अदा करता है। प्रकाश संश्लेषण प्रक्रिया द्वारा बॉयोमास वातावरणीय CO_2 का संतुलन बनाए रखता है। यह प्राकृतिक हरियाली व मिट्टी को भी पौष्टिकता प्रदान करता है। एक अक्षय ऊर्जा स्त्रोत के रूप में बॉयोमास विभिन्न आवश्यकताओं (विभिन्न रूपों में) को पूरी करने वाला होना चाहिए, साथ ही इसकी खपत व उत्पादन के बीच एक संतुलन बनाए रखना भी आवश्यक है।

परन्तु पिछले कुछ दशकों में मानव क्रियाओं के फलस्वरूप CO_2 का उत्पादन बॉयोमास की अवशोषण क्षमता से कहीं अधिक हो गया है (जीवाश्म ईंधन को जलाने से)। इसका परिणाम है बर्धित भू-ताप (*ग्लोबल वॉर्मिंग*)। साथ ही बॉयोमास की खपत व उत्पादन में असंतुलन पैदा हो गया है। अत: भविष्य में यदि इस ऊर्जा स्त्रोत का उपयोग करना है तो बहुत सावधानी बरतनी होगी।

तालिका 6.1 बॉयोमास ऊर्जा खपत के लाभ व हानि

लाभ	*हानियाँ*
लगभग सभी जगह उपलब्ध	बॉयोमास से प्राप्त ऊर्जा, पारम्परिक जीवाश्म ईंधन से महँगी है।
म्युनिसिपल, कृषि, औद्योगिक, अपशिष्ट पदार्थ ऊर्जा प्राप्ति हेतु उपयोगी	यह कम संकेन्द्रित ऊर्जा का रूप है।
यदि खपत व उत्पादन में संतुलन हो तो प्रचुर मात्रा में उपलब्धि	यदि यह ठीक तरह से न जले तो कुछ हानिकारक उत्सर्जन होते हैं।
सल्फर, नाइट्रोजन ऑक्साइड, व कार्बन उत्सर्जन, बॉयोमास के उपयोग द्वारा घटाया जा सकता है।	

6.2 बॉयोमास के प्रकार एवं उपयोग (Types of Biomass and their Applications)

बॉयोमास वे पदार्थ हैं जो कि जैविक प्रक्रियाओं से उत्पन्न होते हैं। अत: पेड़-पौधे, फसलें, जन्तु अपशिष्ट आदि को बॉयोमास माना जा सकता है। बॉयोमास के अनेक उपयोग हैं। इन्हें सीधे तौर पर भोजन एवं ईंधन के लिए, जन्तुओं हेतु भोजन के रूप में, मिट्टी को पोषण देने हेतु खाद के रूप में व शक्ति उत्पादन के लिए कच्चे माल के रूप में उपयोग किया जाता है। इस प्रकार बॉयोमास के बहुत से उपयोग हैं व ऊर्जा उत्पादन उनमें से एक है।

बॉयोमास को तीन श्रेणियों में बाँटा जा सकता है।

1. **काष्ठीय बायोमास (Woody Biomass):** इसके अन्तर्गत पेड़-पौधों के रूप में बॉयोमास आता है जैसे जंगलों के वृक्ष, कृषि क्षेत्रों में वृक्ष, औद्योगिक वृक्षारोपण आदि। काष्ठीय बॉयोमास को मुख्यत: घरेलू एवं औद्योगिक कार्यों हेतु उपयोग किया जाता है जैसे फर्नीचर बनाने में, छत बनाने में कृषि औजार आदि में। काष्ठीय बॉयोमास हमारी कुछ ऊर्जा आवश्यकता की पूर्ति करता है। ग्रामीण क्षेत्रों में काष्ठ का उपयोग खाना पकाने हेतु ईंधन के रूप में भी किया जाता है। जबकि शहरी क्षेत्रों में चारकोल, जो कि काष्ठीय बॉयोमास का उन्नत रूप है के रूप में इसका उपयोग खाना पकाने में किया जाता है।

2. **कृषि अपशिष्ट (Crop Residues):** इसके अन्तर्गत कृषि क्षेत्र में पाये जाने वाली फसल व वृक्षों के अपशिष्ट पदार्थ आते हैं। जैसे फसलों से बीज निकाल लेने पर बचा भूसा, छिलके, स्ट्रॉ, आदि। इनके अनेक उपयोग हैं इन्हें पशुओं के भोजन के रूप में, पशु-मल के साथ मिलाकर खाद के रूप में उपयोग किया जाता है।

3. **पशु अपशिष्ट (Animal Waste):** इसमें पशु-मल व पॉल्ट्री-अपशिष्ट आदि आते हैं। ये मिट्टी को अच्छा पोषण प्रदान करते हैं, अत: खाद के रूप में उपयोग किए जाते हैं। पशु-मल भी खाना पकाने हेतु उपयोग किया जाता है, इसे सीधे तौर पर सुखाकर व जलाकर या इससे बॉयोगैस बनाकर उपयोग किया जाता है। इस प्रकार पशु भी हमारी ऊर्जा आवश्यकता पूरी करते हैं।

6.3 बॉयोमास में निहित ऊर्जा (Energy Content of Biomass)

बॉयोमास के विभिन्न उद्गम हो सकते हैं, जैसे काष्ठीय बॉयोमास, फसल–अपशिष्ट, पशु–मल आदि इन सभी में विभिन्न घटक भिन्न-भिन्न मात्रा में पाये जाते हैं। उसी क्रम में निहित ऊर्जा की मात्रा भी बदलती है। अत: जब भी किसी बॉयोमास को ऊर्जा प्राप्त करने के लिए उपयोग किया जाए, उसके पहले हमें यह ज्ञात करना आवश्यक है, कि उसमें कितनी ऊर्जा की मात्रा निहित है। किसी बॉयोमास में ऊर्जा की मात्रा को कैलोरी मान में मापा जाता है। जिससे ईंधन जलाने पर उत्पन्न ऊष्मा को माप कर निकाला जाता है। कैलोरी मान को प्राप्त ऊर्जा के रूप में या जूल/किलो ग्राम में दर्शाया जाता है। सामान्यत: 1 जूल एक छोटी इकाई है व बड़ी इकाइयाँ जैसे कि कि.जूल/ कि.ग्राम. (kJ/kg) या MJ/kg उपयोग में लाई जाती है।

बॉयोमास में सामान्यत: कार्बन, ऑक्सीजन, नमी, राख आदि अवयव होते हैं। एक बॉयोमास की ऊर्जा मात्रा उसके घटकों पर निर्भर करती है। एक बॉयोमास की तापीय ऊर्जा का मुख्य स्त्रोत उसमें उपस्थित कार्बन हैं। नमी व राख आदि का ऊर्जा की मात्रा में कोई योगदान नहीं है। यदि बॉयोमास में उच्च नमी प्रतिशत है तो ऊर्जा की मात्रा कम होगी। सामान्यतः अधिक राख होने पर बॉयोमास में कम ऊर्जा प्रतिशत होता है।

> *एक बॉयोमास ईंधन में ऊर्जा की मात्रा, उसके घटकों, कार्बन, नमी व राख की मात्रा पर निर्भर करती है।*

मुख्यत: काष्ठीय बॉयोमास में निम्न राख का प्रतिशत होता है (लगभग 1%), जबकि फसल अपशिष्ट में यह प्रतिशत लगभग 5%–20% तक होता है। विभिन्न बॉयोमास में राख के प्रतिशत के अनुसार कितनी ऊर्जा मात्रा होगी यह तालिका 6.2 में दर्शाया गया है। यहाँ 0% व 13 % नमी प्रतिशत के अनुसार आँकड़े दिए गए हैं।

तालिका 6.2 नमी व राख के आधार पर विभिन्न बॉयोमास में ऊर्जा की मात्रा

बॉयोमास के प्रकार	*राख* (%)	*ईंधन की ऊर्जा* (MJ/kg)	
		नमी (0%)	*नमी* (13%)
लकड़ी	1	18.7	16
कृषि अपशिष्ट	5	16.5	14.2
	10	15.8	13.5
	20	14.1	11.9
पशु अपशिष्ट	20	17	14.5
	25	16	13.6

6.4 बॉयोमास ऊर्जा स्त्रोत के रूप में (Biomass as a Source of Energy)

6.4.1 बॉयोमास का उपयोगी रूप में परिवर्तन (Conversion of Biomass in a Suitable Form)

कुछ बॉयोमास जैसे लकड़ी को सीधे जलाकर ऊर्जा प्राप्त की जा सकती है, परन्तु अधिकांश बॉयोमास को उपयोग हेतु रूपान्तरित करना जरूरी है (एक रूप से दूसरे रूप में परिवर्तन) जिससे उनसे ऊर्जा प्राप्त की जा सके। निम्नांकित कारणों से यह परिवर्तन आवश्यक है :

- नमी की उपस्थिति, रूपान्तरण की प्रक्रिया में बाधा डालती है साथ ही इस नमी को भाप में बदलने की प्रक्रिया में ऊर्जा की भी हानि होती है (सुखाने में)।
- बॉयोमास जो कभी भी एक समान रूप में नही होता है अतः उसके रखरखाव, पम्पिग व ट्रांसपोर्टिंग में बहुत सी समस्याएँ आती हैं (अतः उसे अन्य तरल या गैस में रूपान्तरित कर समस्याओं से छुटकारा मिल सकता है)।

6.4.2 रूपान्तरण प्रक्रियाओं के प्रकार (Types of Conversion Processes)

अभी हमने चर्चा की कि बॉयोमास से उपयोगी ऊर्जा प्राप्त करने के लिए उसे उपयुक्त रूप में परिवर्तित करने की आवश्यकता है। प्राकृतिक रूप से बॉयोमास अनेक रूपों में उपलब्ध है, अतः उसी क्रम में विभिन्न प्रक्रियाएँ हैं, जिससे बॉयोमास को उपयुक्त रूप में परिवर्तित किया जा सकता है। उदाहरण के लिए बॉयोमास का गैसीय रूप में परिवर्तन (बायो गैस), तरल रूप में परिवर्तन (इथेनॉल), ठोस रूप में परिवर्तन (चारकोल)। निम्नांकित प्रक्रियाएँ सामान्यत: उपयोग की जाती हैं।

थर्मोकेमिकल (ताप रासायनिक) प्रक्रिया (Thermochemical Process): इस प्रक्रिया में बॉयोमास को ऊष्मा देकर उसका रासायनिक संगठन बदला जाता है। इस प्रक्रिया द्वारा बॉयोमास को चारकोल या उत्पादक गैस में परिवर्तित किया जा सकता है, अतः प्रक्रिया इस तरह से होती है।

बॉयोमास → (ऊष्मीय ऊर्जा इनपुट) → चारकोल, उत्पादक गैस

इस प्रक्रिया में दिया गया तापमान कुछ सौ से कई सौ डिग्री सेण्टीग्रेड तक हो सकता है।

जैव-रासायनिक प्रकिया (Bio-chemical Process) (वायुवीय एवं अवायुवीय): इस प्रक्रिया में किसी जैविक एजेण्ट के उपयोग से बॉयोमास के रासायनिक संगठन को परिवर्तित किया जाता है। (गन्ना स्टार्च आदि का रासायनिक संगठन)। इस प्रक्रिया द्वारा बॉयोमास को बायोगैस व इथेनॉल में परिवर्तित किया जा सकता है। यह निम्न तरह सम्पादित होती है।

बॉयोगैस → (ऑक्सीजन की उपस्थिति या अनुपस्थिति में जैविक प्रक्रिया)
→ बॉयोगैस, इथेनॉल

जब ये जैव रासायनिक प्रक्रिया ऑक्सीजन की अनुपस्थिति (जैसे बॉयोगैस उत्पादन) में होती है तो उसे अवायुवीय (anaerobic) प्रक्रिया कहा जाता है, व ऑक्सीजन की उपस्थिति में होने वाली जैव रासायनिक प्रक्रिया को वायुवीय (aerobic) प्रक्रिया कहा जाता है।

यान्त्रिक प्रक्रिया (Mechanical Process): इस प्रक्रिया में यान्त्रिक क्रियाओं द्वारा बॉयोमास का रासायनिक संगठन परिवर्तित किया जाता है इस प्रक्रिया द्वारा बॉयोमास द्वारा वनस्पति तेल प्राप्त किया जा सकता है। यह प्रक्रिया निम्न तरह से होती है—

बॉयोमास → यान्त्रिक बल → वनस्पति तेल

उपर्युक्त रूपान्तरण प्रक्रिया द्वारा बॉयोमास को ईंधन के सभी रूपों में प्राप्त किया जा सकता है, जैसे—ठोस ईंधन, तरल ईंधन व गैसीय ईंधन।

6.4.3 बॉयोमास का सीधा दहन (Direct Combustion of Biomass)

बॉयोमास का सीधा दहन (जलाना), उससे ऊष्मा उत्पादित करने का सबसे सरल तरीका है। परन्तु, बॉयोमास का इस तरह से उपयोग अनुपयुक्त है, क्योंकि अन्तिम उपयोग के पहले वह किसी रूपान्तरण प्रक्रिया द्वारा उपर्युक्त रूप में प्राप्त नहीं हुआ, जैसे—नमी कम करना, रखरखाव में आसानी, ऊर्जा घटक बढ़ाना आदि। बॉयोमास की दक्षता बढ़ाने हेतु बहुत सी प्रक्रियाएँ अपनाई जा सकती हैं, जिनमें छोटे-छोटे टुकड़े करना, सुखाना आदि शामिल हैं। उदाहरण के लिए यदि नम बॉयोमास को सीधे उपयोग (दहन) किया जाए तो बहुत सी ऊर्जा उसकी नमी के वाष्पीकरण में ही खर्च हो जाएगी। किसी बॉयोमास के घनत्व को बढ़ाकर (briquetting) उसके आकार को घटाया जा सकता है,

इस प्रकार समान ऊर्जा प्राप्त करने के लिए छोटे उपकरणों की आवश्यकता होगी। साथ ही छोटे उपकरण सस्ते भी होंगे व ऊष्मा की हानि भी कम से कम होगी।

6.5 बॉयोमास आधारित ईंधन (Biomass–Based Fuels)

6.5.1 चारकोल उत्पादन (Charcoal Production)

विकासशील देशों में घरेलू एवं औद्योगिक स्तरों पर चारकोल बहुतायत में उपयोग किया जाता है। इसमें मुख्य घटक कार्बन होता है। इसे एक ताप रासायनिक प्रक्रिया द्वारा उत्पादित किया जाता है, जिसे कार्बनीकरण (carbonization) कहा जाता है इस प्रक्रिया में काष्ठीय बॉयोमास की नमी की मात्रा घट जाती है, परिणामत: उत्पादक का कार्बन प्रतिशत (चारकोल) बढ़ जाता है। अत: इस प्रक्रिया को कार्बनीकरण (carbonization) कहते हैं। यह प्रक्रिया लकड़ी को कम हवा की उपस्थिति में गर्म करके की जाती है।

कार्बनीकरण की प्रक्रिया एक उपकरण में की जाती है, जिसे किल्न (kiln) कहते हैं। इसमें 170°C से 500°C के बीच तापमान रखा जाता है। प्रक्रिया के दौरान लकड़ी के सभी वाष्पशील पदार्थ, गैस (CO, CO_2) के रूप में निकल जाते हैं। जबकि अन्य पदार्थ जैसे मीथेनॉल, एसीटिक एसिड व हल्का टार, अर्द्धठोस रूप में निकल जाते हैं। यह प्रक्रिया निम्न तरह से सम्पादित होती है :

$$C_{6n}(H_2O)_{5n} \rightarrow \text{(कम हवा में ऊष्मा)} \rightarrow 6_n C + 5_n H_2O$$

(यहाँ n अणुओं की संख्या है।)

कार्बनीकरण के दौरान तापमान का मुख्य भूमिका होती है, क्योंकि इसी से कार्बन की मात्रा निर्धारित होती है, जो कि चारकोल की गुणवत्ता दर्शाता है। 200°C पर उत्पादित चारकोल में लगभग 50% कार्बन (बचा भाग वाष्पशील पदार्थ) होता है जबकि 600°C या उससे अधिक तापमान पर उत्पादित चारकोल में 80% कार्बन होता है। चारकोल के कार्बन प्रतिशत से उसका कैलोरी मान भी निर्धारित होता है। तालिका 6.3 में कार्बनीकरण के विभिन्न तापमानों पर कार्बन की मात्रा व उसके कैलोरी मान को दर्शाया गया है।

तालिका 6.3 चारकोल बनने की प्रक्रिया में तापमान व कार्बन का प्रतिशत तथा कैलोरी मान

तापमान (°C)	*कार्बन मात्रा* (%)	*कैलोरी मान* (MJ/kg)
300	30	23
400	70	30
600	88	33

पाइरोलाइसिस (Pyrolysis): यह कार्बनीकरण की तरह की ही प्रक्रिया है, परन्तु यह प्रक्रिया उच्च तापमान पर होती है। इसमें चारकोल के अलावा उच्च ऊर्जा वाली गैसों की भी प्राप्ति होती है।

6.5.2 प्रोड्यूसर गैस प्राप्त करना (Formation of Producer Gas Gasification)

प्रोड्यूसर गैस (producer gas) मुख्यत: CO व N_2 की बनी होती है। इसके अतिरिक्त O_2, CO_2, H_2 व मीथेन (CH_4) प्रोड्यूसर गैस में उपस्थित होते हैं। इससे, हीटिंग व इंजन चलाने के अतिरिक्त शक्ति उत्पादन भी किया जा सकता है।

प्रोड्यूसर गैस, गैसीफिकेशन प्रक्रिया द्वारा बॉयोमास या कोयले से प्राप्त की जा सकती है। गैसीफिकेशन एक ताप रासायनिक प्रक्रिया है। इससे जैसे रासायनिक संगठन प्राप्त करना है, वैसी ऊष्मीय ऊर्जा दी जाती है। यह प्रक्रिया 500°C से 800°C के बीच सम्पन्न होती है। इस प्रक्रिया में बॉयोमास को एक बेलनाकार बेड में रखा जाता है, जिसे ऑक्सीजन या हवा की उपस्थिति में आंशिक रूप में दहन किया जाता है। बेलनाकार बेड में गैस ऊपर से नीचे की ओर प्रवाहित (down-drought) या नीचे से ऊपर की ओर (up-drought) प्रवाहित करते हैं। इस प्रकार दहन योग्य ठोस को दहन योग्य गैसीय रूप में परिवर्तित किया जाता है। इस गैस में ठोस की अधिकांश ऊर्जा रूपान्तरित हो जाती है। यह प्रक्रिया निम्न तरह से सम्पादित होती है—

$$2C + O_2 + N_2 \rightarrow \text{(ताप, हवा की उपस्थिति में)} \rightarrow 2CO + N_2$$

मुख्यत: इसमें 35% CO व 65% N_2 होती है। व इस गैस का कैलोरी मान 4.35 MJ/m^3 होता है। यह मान कच्चे माल के रासायनिक संघटन, वायु वेग, बेड की मोटाई, कच्चे माल के टुकड़ों के आकार आदि के अनुसार बदल सकती है। प्रोड्यूसर गैस शॉफ्ट पॉवर उत्पादन के लिए, इंजन के इग्नीशन में उपयोग की जा सकती है। इस प्रक्रिया में 15% से 20% दक्षता प्राप्त की जा सकती है।

6.5.3 बॉयोगैस उत्पादन (Biogas Production)

बॉयोगैस मुख्यत: मीथेन (CH_4) व CO_2 की बनी होती है। बॉयोगैस में 60% मीथेन (CH_4) व 35% CO_2 होती है। इसमें कुछ प्रतिशत H_2, N_2, O_2 अमोनिया व नमी भी होती है। ग्रामीण क्षेत्रों में बॉयोगैस मुख्यत: कुकिंग में उपयोग होती है, परन्तु इसके अन्य उपयोग भी संभव हैं जैसे इंजन चलाने में, प्रकाश करने में, शक्ति उत्पादन में।

बॉयोगैस उत्पादन में उपयोग होने वाला कच्चा माल मुख्यत: पशु मल व नाइट सॉइल आदि हैं। साथ ही अन्य हाइड्रोकार्बन (जिनमें स्टार्च हों) भी उपयोग किए जा सकते हैं। बॉयोगैस उत्पादन बॉयोमास के अवायुवीय विघटन (ऑक्सीजन की अनुपस्थिति में) द्वारा बैक्टीरिया की उपस्थिति में होता है बॉयोमास का बैक्टीरियल विघटन तीन क्रमों में होता है, ये हैं हाइड्रोलिसिस, एसिड क्रम व मीथेन क्रम।

हाइड्रोलिसिस विघटन में भारी हाइड्रोकार्बन, छोटे-छोटे अणुओं में टूट जाते हैं, जिसे एसिड फॉर्मिंग बैक्टीरिया ऑर्गेनिक एसिड में बदल देते हैं। मीथेन क्रम में, एसिडों का किण्वन (fermentation) होता है व हाइड्रोजन व CO_2 मीथेन उत्पादित करते हैं। बॉयोगैस उत्पादन में निम्न क्रियाएँ होती हैं।

हाइड्रोलिसिस क्रम—$(C_5H_{10}O_5)_n + H_2O \rightarrow n(C_5H_{12}O_6)$

एसिड क्रम–$n(C_5H_{12}O_6) \rightarrow CH_3CH(OH)COOH$

मीथेन क्रम–$4H_2 + CO_2 \rightarrow 2H_2O + CH_4$

$CH_3CH(OH)\ COOH + H_2O + CO_2 \rightarrow CH_3COOH + CH_4$

यह तीनों क्रम बॉयोगैस यूनिट में एक साथ चलते हैं। बॉयोगैस के उपयुक्त उत्पादन के लिए तीनों क्रम बराबर मात्रा में होने चाहिए। विशेषत: एसिड उत्पादन अधिक नहीं होना चाहिए क्योंकि यह बॉयोगैस उत्पादन को प्रभावित करता है। डाइजेस्टर टैंक में स्लरी (slurry) का PH मान 6.8 व 7.2 के बीच होना चाहिए।

बॉयोमास से बॉयोगैस बनने की इस अवायुवीय प्रक्रिया में कई हफ्ते लग जाते हैं। एक बॉयोगैस चैम्बर में बॉयोगैस का रिटेन्शन समय 20–50 दिनों के बीच हो सकता है। गाय-मल, नाइट सॉइल, व पिग मल आदि के लिए रिटेन्शन समय क्रमश: 50 दिन, 30 दिन तथा 20 दिन होता है।

6.5.4 इथेनॉल का उत्पादन (Production of Ethanol)

इथेनॉल एक तरल ईंधन है तथा इसके उत्पादन में ऐसे बॉयोमास स्त्रोत का उपयोग किया जाता है जिनमें शक्कर, स्टार्च व सेल्युलोज होता है, व वायुवीय प्रक्रिया द्वारा इथेनॉल प्राप्त किया जाता है। इथेनॉल एक हाइड्रोकार्बन है जिसमें कार्बन हाइड्रोजन व ऑक्सीजन होते हैं। इसे पेट्रोल या डीज़ल में मिलाकर या सीधे, पॉवर गाड़ियों में तरल ईंधन के रूप में उपयोग किया जा सकता है।

इथेनॉल उत्पादन के लिए स्टार्च युक्त बॉयोमास (मक्का, कसावा इत्यादि), शुगरयुक्त बॉयोमास (गन्ना, मोलासेस इत्यादि) व स्टार्चयुक्त व सेल्युलोजयुक्त बॉयोमास (लकड़ी व कृषि अपशिष्ट) आदि का उपयोग किया जाता है। इथेनॉल के उत्पादन के लिए बॉयोमास के प्रीट्रीटमेण्ट, किण्वन (fermentation) व अंत में आसवन किया जाता है। हल्के हाइड्रोकार्बन (जैसे शुगर) का किण्वन आसान है। अत: जब स्टार्च युक्त बॉयोमास का उपयोग किया जाता है, तो पहले हाइड्रोलाइसिस (प्रीट्रीटमेण्ट) द्वारा स्टार्च अणुओं को छोटे-छोटे शुगर अणुओं में तोड़ा जाता है (जिसका किण्वन संभव है)। सेल्युलोज अणु से उत्पादन, और अधिक जटिल प्रक्रिया है जिसमें प्रीट्रीटमेण्ट द्वारा सेल्युलोज अणुओं को छोटे-छोटे शुगर अणुओं (किण्वन हेतु) में तोड़ दिया जाता है।

इस प्रकार शुगरयुक्त बॉयोमास से इथेनॉल उत्पादन अधिक उपयुक्त है, क्योंकि इसका सीधे किण्वन किया जा सकता है बड़े अणु (स्टार्च व सेल्युलोज) में हाइड्रोलाइसिस जरूरी है, जिससे एक प्रक्रिया बढ़ जाती है व उत्पादन की कीमत भी बढ़ जाती है।

किण्वन के लिए बैच प्रक्रिया (batch-process) अपनाई जाती है। किण्वन में 1 से 3 दिन लग जाते है व 8%–10% इथेनॉल अन्त में प्राप्त होता है। इथेनॉल उत्पादन का अंतिम क्रम है, इसका विभिन्न पदों में आसवन। जिसके फलस्वरूप लगभग 95% सांद्रण वाला इथेनॉल प्राप्त होता है। यदि इथेनॉल पेट्रोल या डीजल के साथ मिलाया जाता है, तो एनहाइड्रस (without water) इथेनॉल (>99% सांद्रण) की जरूरत होती है।

6.5.5 मीथेनॉल का उत्पादन (Production of Methanol)

मीथेनॉल के उत्पादन के लिए, उच्च सेल्युलोजयुक्त मैटीरियल जैसे लकड़ी अधिक उपयुक्त है। मीथेनॉल उत्पादन की तकनीक, इथेनॉल उत्पादन की तकनीक से बिल्कुल अलग है। इस प्रक्रिया में कच्चे माल को गैसीय रूप में परिवर्तित किया जाता है, और इससे मीथेनॉल बनाया जाता है।

इथेनॉल व मीथेनॉल का कैलोरी मान क्रमश: 30 MJ/kg व 23 MJ/kg (पेट्रोल की कैलोरीमान 46.5 MJ/kg) है। इथेनॉल व मीथेनॉल के बहुत से गुण पेट्रोल व डीज़ल के समान ही हैं। अत: इन ईंधनों को सीधे पेट्रोल व डीजल के साथ मिलाया जा सकता है। आन्तरिक दहन वाले इंजन में 20% इथेनॉल पेट्रोल में मिलाया जा सकता है, इंजन की संरचना में परिवर्तन किए बिना। पेट्रोल व डीजल की जगह पूरी तरह इथेनॉल उपयोग करने के लिए इंजन की संरचना में कुछ परिवर्तन करना होगा।

6.5.6 बॉयोमास आधारित ईंधन का कैलोरी मान (Calorific Values of Biomass Based Fuels)

विभिन्न प्रक्रियाओं के द्वारा ठोस, तरल व गैसीय ईंधनों का कैलोरी मान ज्ञात किया जाता है इसे तालिका 6.4 में दर्शाया गया है|

तालिका 6.4 बॉयोमास रूपान्तरण से प्राप्त ईंधनों का कैलोरी मान

ईंधन का प्रकार	*कैलोरी मान*	*तथ्य*
चारकोल	23–33 MJ/kg	कार्बन के प्रतिशत पर निर्भर
प्रोड्यूसर गैस	3.5–5.5 MJ/m^3	
बॉयोगैस	21–23 MJ/m^3	@60% मीथेन
मीथेन	36 MJ/m^3	
इथेनॉल	30 MJ/kg	
मीथेनॉल	23 MJ/kg	

6.6 बॉयोमास ऊर्जा का उपयोगः बॉयोगैस (Application of Biomass Energy: Biogas)

बॉयोगैस उत्पादन के लिए वह बॉयोमास उपयोग किया जा सकता है, जो ग्रामीण क्षेत्रों में बहुतायत में उपलब्ध है। बायोमास की तकनीकों में से बॉयोगैस उत्पादन अर्थिक दृष्टि से उपयोगी तकनीक है, जिससे स्वच्छ ऊर्जा उत्पादित की जा सकती है। बॉयोगैस विभिन्न स्त्रोतों जैसे पशु-मल, नाइट सॉइल, जैवीय अपशिष्ट (घरों एवं होटलों का) आदि से उत्पादित की जा सकती है। अत: इस तकनीक का उपयोग ग्रामीण एवं शहरी दोनों परिस्थितियों में किया जा सकता है। बॉयोगैस उत्पादन में अंत में बची सामग्री (मैटीरियल) बहुत पोषक होता है, अत: उसे खेती में खाद के रूप में उपयोग किया जा सकता है।

बॉयोगैस एक स्वच्छ ईंधन है। इसे विभिन्न तरह से उपयोग किया जा सकता है। बॉयोगैस का उपयोग विशेषत: कुकिंग, प्रकाश में, व शक्ति उत्पादन में किया जाता है।

कुकिंग (Cooking): बॉयोगैस से कुकिंग करने में, लकड़ी जलाकर कुकिंग करने की अपेक्षा कई लाभ हैं। यह स्वच्छ ऊर्जा है व इससे खाना पकाने के बर्तनों या कपड़ों पर कोई निशान नहीं पड़ते। उससे धुआँ उत्पन्न नहीं होता व आँखों या फेफड़ों में जलन नहीं करता। यह अधिक सुरक्षात्मक उपाय है।

प्रकाश करने में (Lighting): विद्युत न होने की स्थिति में ही बॉयोगैस का उपयोग लाइटिंग में करना अधिक उपयुक्त है। क्योंकि इसमें गैस अधिक लगती है। व लैंप पर हमेशा ध्यान रखना जरूरी होता है। एक 100 कैंडल पॉवर क्षमता वाले मेटल लैम्प में 0.11 से 0.15 m^3 गैस प्रति घण्टे लगती है। यह एक 40 वॉट के विद्युत बल्ब के बराबर है।

इंजन में (Engine for Motive Power): पेट्रोल एवं डीजल दोनों इंजन के लिए बॉयोगैस बहुत अच्छा ईंधन हैं। एक पेट्रोल इंजन कम प्रतिशत बॉयोगैस में कार्य कर सकता है। डीज़ल इंजन के एअर इनटेक सिस्टम में थोड़े से परिवर्तन से डीजल इंजन को बॉयोगैस से चलाया जा सकता है। गैस मिश्रण को ज्वलनशील बनाने के लिए थोड़े से ईंधन की जरूरत होती है, जिससे इंजन सामान्य रूप से बॉयोगैस से चल सके। ड्युअल ईंधन इंजिन (जिसमें डीज़ल व बॉयोगैस दोनों का उपयोग हो) में 0.6 से 0.7 m^3 बॉयोगैस प्रति किलोवॉट-घण्टा आवश्यक है। विद्युत उत्पादन, कृषि सिंचाई की पम्पिंग आदि के लिए बॉयोगैस चालित इंजन का उपयोग किया जा सकता है। 1kWh विद्युत उत्पादन के लिए, लगभग 0.7 m^3 गैस की जरूरत होती है। तालिका 6.5 में बॉयोगैस में निहित ऊर्जा की अन्य हाइड्रोकार्बन में निहित ऊर्जा से तुलना की गई है। इसमें 1 m^3 बॉयोगैस की ऊर्जा को अन्य ऊर्जा स्त्रोत से तुलना की गई है (देखें तालिका 6.5)। 1 m^3 मात्रा की बॉयोगैस की तुलना में, अन्य कार्बनिक ईंधनों की मात्रा।

तालिका 6.5 बॉयोगैस में निहित ऊर्जा के बराबर ऊर्जा वाले हाइड्रोकार्बन ईंधन की मात्राएं

ईंधन का नाम	*केरोसीन*	*जलाऊ लकड़ी*	*गोबर के उपले*	*चारकोल*	*फरनेंस ऑइल*	*विद्युत*
1 m^3 बॉयोगैस के बराबर मात्रा	0.60	3.50 kg	12.30 kg	1.50 kg	0.40	4.70 kWh

6.6.1 बॉयोगैस प्लाण्ट की संरचना (Structure of Biogas Plant)

एक बॉयोगैस प्लाण्ट में जैविक पदार्थ (विशेषत: पशु-मल) में पानी में मिलाया जाता है व टैंक में डाला जाता है। जिसमें पशु-मल में कई क्रियाएँ होती हैं व बॉयोगैस उत्पादित (मुख्यत: मीथेन) होती है। पशु मल या पानी का मिश्रण स्लरी कहलाता है। बॉयोगैस उत्पादन के बाद स्लरी टैंक के बाहर आ जाता है। जो बहुत पोषक होता है, व खाद के

रूप में उपयोग किया जा सकता है। बायोमास प्लाण्ट में उत्पादित गैस को गैस होल्डर में संग्रहीत किया जा सकता है, गैस होल्डर के आधार पर वर्तमान बॉयोगैस प्लाण्ट को दो श्रेणियों में बाँटा जा सकता है : फिक्स डोम टाइप का व फ्लोटिंग (तैरता हुआ) ड्रम टाइप, दोनों तरह के प्लाण्ट्स में निम्न अवयव हैं। जो (चित्र 6.1 में दर्शाए गए हैं)।

डाइजेस्टर टैंक : यह किण्वन (fermentation) टैंक है जो आंशिक या पूरी तरह से जमीन के अन्दर बनाया जाता है। यह सामान्यत: बेलनाकार आकार के होते हैं व ईंट व सीमेण्ट के बने होते हैं। इसके अन्दर स्लरी डाइजेशन के पूरे समयान्तराल तक रहता है, व इसी हेतु उसे डिजाइन किया गया है।

गैस होल्डर : डाइजेस्टर में मीथेन मुक्त होने के बाद, गैस को एक टैंक गैस होल्डर में संग्रहीत किया जाता है। यह एक फ्लोटिंग ड्रम (डाइजेस्टर में स्लरी के ऊपर ड्रम तैरता है) हो सकता है, या एक फिक्स्ड डोम हो सकता है। फ्लोटिंग ड्रम स्टील या लोहे का बना होता है। जबकि फिक्स्ड डोम सीमेण्ट व कांक्रीट का बना होता है। इस गैसहोल्डर के टॉप (सबसे ऊपरी भाग) से गैस कनेक्शन लिया जाता है। गैस पाइपों के द्वारा बर्नर तक पहुँचाई जाती है।

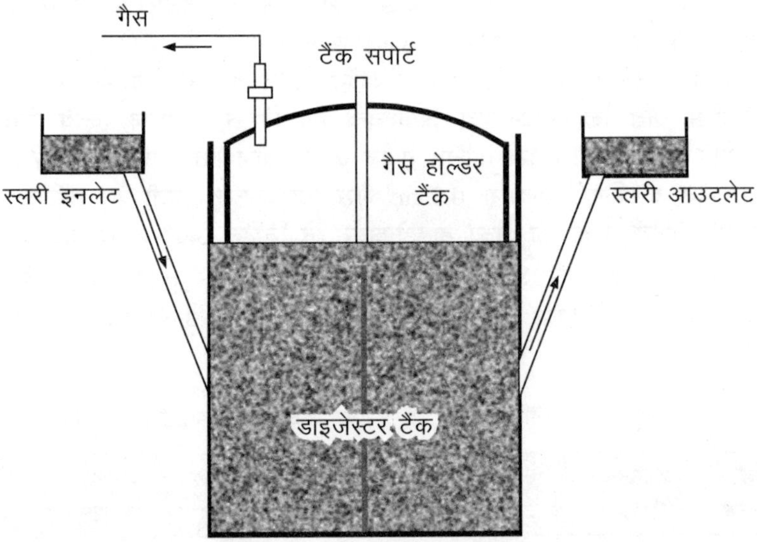

चित्र 6.1 एक बॉयोगैस संयंत्र।

स्लरी मिक्सिंग (इनलेट): इनलेट से गोबर पानी को मिलाकर डाइजेस्टर में डाला जाता है।

स्लरी पिट (आउटलेट): डाइजेस्टर के आउटलेट से स्लरी बाहर निकाला जाता है।

6.6.2 बॉयोगैस प्लाण्ट का डिजाइन (Design of Biogas Plant)

यहाँ जो बॉयोगैस का डिजाइन बताया जा रहा है, वह छह सदस्यीय परिवार के लिए उपर्युक्त है। सिस्टम का डिजाइन कुछ बिन्दुओं पर निर्भर करता है। जैसे आवश्यक गैस

की मात्रा का अनुमान, आवश्यक गोबर की मात्रा व इस मात्रा को प्राप्त करने हेतु पशुओं की संख्या।

डिजाइन हेतु निम्न आँकड़ों का अनुमान किया गया है :

- प्रति व्यक्ति प्रति दिन, कुकिंग हेतु 350–450 लीटर बॉयोगैस की आवश्यकता होती है, (इंजन में लगभग 450 लीटर/Hp/hours बॉयोगैस आवश्यक है)।
- प्रतिदिन प्रति पशु द्वारा उत्पादित मल या गोबर–
  गाय–10 kg/दिन
  बैल–14 kg/दिन
  भैंस–15 kg/दिन (अन्य बॉयोमास जैसे गन्ने का अपशिष्ट, मकई का अपशिष्ट आदि भी उपयोगी हैं)।
- 1000 लीटर गैस 1 m^3 गैस के बराबर है।
- गोबर से औसत गैस उत्पादन = 40 लीटर/(ताजे गोबर का) कि.ग्रा.।
- डायजेस्टर में गोबर स्लरी का रिटेन्शन पीरियड = 50 दिन

प्रथम चरण : प्रतिदिन आवश्यक गैस की मात्रा निकालें।

परिवार के सदस्यों की संख्या = 6 (वयस्क)

यदि 400 लीटर/दिन/व्यक्ति कुकिंग में लगती है, तो कुल आवश्यकता

$$6 \times 400 = \text{लीटर/दिन, या } 2.4 \text{ m}^3 \text{ गैस/दिन}$$

टिप्पणी : बॉयोगैस के अन्य उपयोग भी होने पर जैसे इंजन या लैम्प जलना, यहाँ आवश्यक गैस की मात्रा जोड़नी पड़ेगी।

द्वितीय चरण : गैस आवश्यकता पूर्ण करने हेतु, आवश्यक पशुओं की संख्या। एक कि.ग्रा. ताजे गोबर से उत्पन्न गैस की मात्रा 40 लीटर/कि.ग्रा.। गोबर की कुल आवश्यक मात्रा

= कुल आवश्यक गैस/प्रति कि.ग्रा. गोबर से गैस
= 2400/40
= 60 कि.ग्रा.

अत: 60 कि.ग्रा. गोबर प्राप्त करने हेतु आवश्यक गायों की संख्या

60/10 = 6 गायें

10 कि.ग्रा. गोबर/ दिन/गाय अनुमानित है, यह मान गाय की नस्ल बदलने पर बदल सकता है। (यदि भैंस लें तो, 4 भैंसों की आवश्यकता है)।

तृतीय चरण : डाइजेस्टर व गैस होल्डर का डिजाइन।

स्लरी बनाने के लिए गोबर व पानी की समान मात्रा लेनी होगी

कुल स्लरी का द्रव्यमान = गोबर + पानी = 60 + 60 = 120 कि.ग्रा.

प्रतिदिन स्लरी की मात्रा (volume) (स्लरी का विशिष्ट गुरूत्व मान लगभग 1090 कि.ग्राम./m^3)

= स्लरी का कुल द्रव्यमान/विशिष्ट गुरुत्व

= 120/1090 = 0.11 m^3

स्लरी का रिटेन्शन पीरियड = 50 दिन

डाइजेस्टर का कुल आयतन = स्लरी का प्रतिदिन द्रव्यमान × रिटेन्शन पीरियड

= 0.11 × 50 = 5.5 m^3 ~ 6 m^3

(नियमानुसार, डाइजेस्टर का आयतन प्रति दिन आवश्यक गैस की मात्रा का लगभग 2.75 गुना होना चाहिए)

डाइजेस्टर का आकार/विमाएँ (Dimensions of the Digester)

गहराई व व्यास का अनुमान 1 और 1.3 बीच होना चाहिए।

गैस होल्डर टैंक का माप

एक गैस होल्डर टैंक का आयतन प्रतिदिन गैस द्रव्यमान का लगभग 60% होना चाहिए।

टिप्पणी : गैस उत्पादन में टैंक डले स्लरी का तापमान महत्वपूर्ण रोल अदा करता है। 45°C से 55°C बीच तापमान होने पर अधिकतम उत्पादन प्राप्त होगा।

6.6.3 मूल्य एवं पे–बैक अवधि (Costing and Pay-back Period)

एक बॉयोगैस प्लाण्ट के निर्माण में होने वाले खर्च को नीचे दर्शाया गया है :

अवयव	*कीमत* (रू. में)
गैस होल्डर व फ्रेम	5500
पाइपिंग व स्टोव	1750
सिविल इंजीनियरिंग कंस्ट्रक्शन (टैंक, इनलेट, आउटलेट, आदि)	12000
बायोगैस प्लाण्ट की कुल कीमत	19250

टिप्पणी : इन आँकड़ों में गोबर की कीमत शामिल नहीं की गई है, क्योंकि अधिकांश स्लरी बॉयोगैस प्लाण्ट से बाहर आ जाती है, जिसे खाद के रूप में उपयोग किया जा सकता है।

अब हम बॉयोगैस प्लाण्ट से होने वाली बचत की चर्चा करेंगे। यह मानते हुए कि घरेलू कार्यों में LPG की जगह बॉयोगैस का उपयोग किया जा रहा है।

बचत की गणना करने हेतु निम्न आँकड़े प्राप्त किए जा सकते हैं :

- LPG की आवश्यक मात्रा 2 kg /व्यक्ति /माह
- 6 व्यक्तियों के लिए एक माह में आवश्यक LPG = 6 × 2= 12 कि. ग्राम/माह
- प्रति किलोग्राम LPG की कीमत = 24 रूपए

- LPG की कुल कीमत (यदि बॉयोगैस के स्थान पर उपयोग की जाए = 12 × 24 = 288 रूपए प्रति माह) (यह प्रतिमाह बचत है)
- कुल वार्षिक बचत = 288 ×12 = 3456 रूपए प्रति वर्ष
- अत: सामान्य पे–बैक (pay back) समयान्तराल

$$= \frac{\text{बॉयोगैस प्लाण्ट की कुल कीमत}}{\text{वार्षिक बचत}} = \frac{19250}{3456} = 5.5 \text{ वर्ष}$$

अभ्यास प्रश्न (Exercises)

1. बॉयोमास या जीवद्रव्य क्या है ?
2. बॉयोमास के सम्भव उपयोग क्या हैं ?
3. ''कुछ क्षेत्रों में, बॉयोमास को ऊर्जा आवश्यकताओं के लिए उपयोग नहीं किया जा सकता।'' विस्तारपूर्वक समझाएँ ?
4. बॉयोमास से कौन से विभिन्न ईंधन प्राप्त किए जा सकते हैं ? किस तरह वे निहित उर्जा की दृष्टि से अलग-अलग हैं ?
5. बॉयोमास से उपयोगी जैव ईंधन प्राप्त करने की विभिन्न प्रक्रियाएँ कौन-सी हैं ?
6. प्रोड्यूसर गैस में निहित ऊर्जा बॉयोमास में निहित ऊर्जा से कम क्यों है ?
7. बॉयोमास आधारित ईंधनों में कार्बन की मात्रा बढ़ने पर ऊर्जा की मात्रा, बढ़ती है। क्या यह सत्य है ? अपने विचार व्यक्त करें।
8. एक ईंधन में ऊर्जा की मात्रा, कार्बन की मात्रा बढ़ने पर बढ़ती है। क्या यह कथन सत्य है ?
9. लकड़ी व चारकोल में क्या अन्तर है ?
10. बॉयोमास से इथेनॉल कैसे उत्पादित किया जाता है ? क्या शुगर, स्टार्च व सेल्युलोज से इथेनॉल उत्पादन समान प्रक्रिया से किया जा सकता है ?
11. ऊर्जा के रूप में कितने मीटर घन (m^3) बॉयोगैस 5 लीटर पेट्रोल के बराबर होंगे ?
12. ऊर्जा के रूप में कितना डीजल, पेट्रोल, केरोसीन, कोयला, लकड़ी व बॉयोगैस, 3.6 MJ के बराबर होगा ?
13. एक परिवार में 7 वयस्क सदस्य हैं । यदि LPG की कीमत 25 रू./कि.ग्रा. है व LPG की खपत 2 कि.ग्राम/व्यक्ति/माह है तो इस परिवार में मासिक व वार्षिक समय में आवश्यक LPG की कीमत निकालें।
14. प्रश्न 13 के अनुसार परिवार में प्रति माह व प्रति वर्ष कितनी ऊर्जा की खपत होती है ?
15. बॉयोगैस प्लाण्ट किस तरह कार्य करता है ? एक बॉयोगैस प्लाण्ट में होने वाली क्रियाएँ कौन–कौन सी है ?

16. एक 10 सदस्यीय परिवार की कुकिंग आवश्यकताओं को पूर्ण करे, ऐसा बॉयोगैस प्लाण्ट डिजाइन करें। जरूरी अनुमान निकालें। आवश्यक पशुओं की संख्या, डाइजेस्टर का आकार व बॉयोगैस की दैनिक आवश्यकता निकालने हेतु निम्नांकित खाली स्थान भरें।

प्रथम चरण : प्रतिदिन आवश्यक गैस की मात्रा निकालें

पारिवारिक सदस्यों की संख्या

प्रतिदिन आवश्यक कुल बॉयोगैस

= .... (वयस्क)

= .... × .... = लीटर/दिन

= .... m^3 गैस/दिन

द्वितीय चरण : गैस आवश्यकता पूर्ण करने हेतु आवश्यक पशुओं की संख्या

एक कि.ग्रा. ताजे गोबर से उत्पादित गैस की मात्रा

= .... लीटर/कि.ग्रा.

कुल आवश्यक गोबर की मात्रा

= कुल आवश्यक गैस/प्रति कि.ग्रा. गोबर से गैस

= .... कि.ग्रा.

अत: .... कि.ग्रा. गोबर प्राप्त करने हेतु आवश्यक गायें।

तृतीय चरण : डाइजेस्टर व गैस होल्डर का डिजाइन

स्लरी बनाने के लिए, गोबर व पानी समान मात्रा में मिलाना होगा।

स्लरी की कुल मात्रा = गोबर + पानी

= .... + ... = ... कि.ग्रा.

प्रति दिन स्लरी का द्रव्यमान (स्लरी का विशिष्ट भार/विशिष्ट गुरुत्व = 1090 kg/m^3)

= स्लरी का कुल द्रव्यमान/विशिष्ट गुरुत्व

= .... / .... = ... m^3

स्लरी का रिटेन्शन पीरियड = ... दिन

डाइजेस्टर का कुल आयतन = प्रतिदिन स्लरी का द्रव्यमान × रिटेन्शन पीरियड

= .... × .... = m^3

= ~ .... m^3

गैस होल्डर टैंक की विमाएँ या माप

लम्बाई = ... मीटर

व्यास = ... मीटर

परिशिष्ट
(APPENDICES)

दैनिक सौर विकिरण का मासिक औसत (MONTHLY AVERAGED DAILY SOLAR RADIATION)

परिशिष्ट क

तालिका संक्षिप्तयाँ—क्षैतिज सतह पर मासिक औसत दैनिक भूमण्डलीय सौर विकिरण (G), क्षैतिज सतह पर मासिक औसत दैनिक छितरित विकिरण (D), और मासिक औसत दैनिक भूमण्डलीय विकिरण अक्षांश कोण पर झुकी सतह पर (GL)। G, D और GL kWh/m^2-day (किलो वाट-घंटा/मीटर^2-दिन) में।

जनवरी से अप्रैल

	जनवरी			*फरवरी*			*मार्च*			*अप्रैल*		
	G	*D*	*GL*	*G*	*D*	*GL*	*G*	*D*	*GL*	*G*	*D*	*GL*
नगर												
अहमदाबाद	5	1.2	6.8	5.9	1.3	7.3	6.6	1.6	7.2	7.3	1.8	7.2
बंगलौर	5.6	1.6	6.4	6.4	1.6	7.0	6.8	1.9	7.0	6.8	2.2	6.6
भुवनेश्वर	5.2	1.4	6.7	5.9	1.4	7.0	6.3	2	6.8	6.5	2.4	6.4
भोपाल	4.8	1	6.6	5.9	1	7.4	6.3	1.6	6.9	7	1.8	6.9
चंडीगढ़	3.6	1.6	5.4	4.7	2	6.2	5.6	2.4	6.4	6.6	2.6	6.6
चेन्नई	5.4	1.8	7.5	6.3	1.7	6.9	6.6	2	6.8	6.8	2.2	6.6
दिल्ली	4.3	1.3	6.3	5	1.4	6.6	6	2	6.8	6.8	2.4	6.8
ग्वालियर	4.5	1	6.5	5.5	1	7.1	6.2	1.6	7.0	7.5	1.8	7.4
गोवा	5.6	1.4	6.7	6.3	1.4	7.1	6.6	1.8	6.9	6.8	2.4	6.6
गुवाहाटी	3.8	1.6	5.2	4.8	2	6.0	5.4	2.4	5.9	5.8	2.8	5.7
हैदराबाद	5.5	1.4	6.7	6.2	1.5	7.1	6.5	2	6.8	6.9	2.4	6.7
इन्दौर	5.1	1.1	6.9	5.9	1.3	7.3	6.4	1.6	6.9	7.4	2	7.3
जबलपुर	4.9	1.1	6.6	5.7	1	7.1	6.2	1.6	6.8	6.9	1.8	6.8
जामनगर	4.9	1	6.5	5.8	1.2	7.1	6.2	1.8	6.8	7	2.2	6.9
जोधपुर	4.6	1	6.7	5.6	1.1	7.3	6.6	1.7	7.4	7.3	1.8	7.2
कोलकाता	4.7	1.4	6.1	5.6	1	6.7	6.2	1.6	6.7	6.6	1.7	6.5
लखनऊ	4.3	1.4	6.2	5.2	1.2	6.7	5.9	2	6.6	6.8	2.4	6.7

(क्रमशः)

जनवरी से अप्रैल *(क्रमश:)*

	जनवरी			*फरवरी*			*मार्च*			*अप्रैल*		
	G	*D*	*GL*	*G*	*D*	*GL*	*G*	*D*	*GL*	*G*	*D*	*GL*
नगर												
मुम्बई	5.2	1.4	6.6	5.9	1.4	6.9	6.5	1.8	6.9	6.9	2.2	6.7
नागपुर	5	1.2	6.6	5.9	1.2	7.1	6.3	1.8	6.8	6.8	2.2	6.7
पटना	4.4	1.6	6.0	5.3	1.7	6.6	6.1	2.2	6.7	6.7	2.5	6.6
पुणे	5.3	1.4	6.6	6	1.4	7.0	6.6	1.8	7.0	6.8	2.2	6.6
राँची	4.7	1.2	6.4	5.6	1	7.0	6.4	1.8	7.0	7	2.2	6.9
शोलापुर	5.6	1.4	6.9	6.3	1.4	7.3	6.6	2	7.0	6.8	2.4	6.6
त्रिवेन्द्रम	6	1.8	6.5	6.6	1.8	7.0	6.8	2	6.9	6.5	2.4	6.4
विशाखापटनम	5.3	1.5	6.5	6	1.6	6.9	6.5	2	6.9	6.5	2.5	6.3

मई से अगस्त

	मई			*जून*			*जुलाई*			*अगस्त*		
	G	*D*	*GL*	*G*	*D*	*GL*	*G*	*D*	*GL*	*G*	*D*	*GL*
नगर												
अहमदाबाद	7.6	2	6.9	6.6	3	5.9	5	3.4	4.6	4.6	3.3	4.4
बंगलौर	6.4	2.6	6.0	6	3	5.6	4.6	2.9	4.4	4.8	3	4.7
भुवनेश्वर	6.4	2.6	5.8	5.3	3	4.8	4.6	3	4.3	4.8	3	4.6
भोपाल	7.2	2	6.5	6.2	2.9	5.5	4.7	3.2	4.4	4.4	3.1	4.2
चंडीगढ़	7.3	2.8	6.7	7	3.2	6.2	6.2	3.2	5.6	5.8	3	5.5
चेन्नई	6.3	2.4	5.9	5.5	2.8	5.1	5.2	2.9	4.9	5.6	2.8	5.4
दिल्ली	7.2	2.8	6.6	6	3.1	5.3	5.7	3	5.1	5.6	2.9	5.3
ग्वालियर	7.1	2	6.4	6.5	2.8	5.7	5.2	3	4.7	5	3	4.8
गोवा	6.6	2.6	6.1	4.9	3	4.6	3.8	3.1	3.6	4.4	3	4.2
गुवाहाटी	5.6	3	5.1	4.6	3.2	4.2	4.8	3.2	4.4	5	3	4.8
हैदराबाद	6.9	2.5	6.4	5.8	3.2	5.3	4.9	3.3	4.6	5.2	3.2	5.0
इन्दौर	7.4	2.1	6.7	6.4	3	5.8	4.9	3.4	4.6	4.4	3.2	4.2
जबलपुर	6.6	2.2	6.0	5.8	2.8	5.2	4.8	3	4.5	4.4	3	4.2
जामनगर	7.4	2.1	6.7	6.2	3.1	5.6	5	3.4	4.7	4.8	3.2	4.6
जोधपुर	7.8	2.2	7.1	7.4	3	6.5	6.2	3	5.6	6	3	5.7
कोलकाता	6.4	2	5.9	5.2	2.8	4.7	4.8	3.1	4.4	4.8	3.1	4.6
लखनऊ	7.2	2.6	6.5	6.4	3.2	5.7	5.6	3.1	5.1	5.6	3	5.3
मुम्बई	7.2	2.4	6.6	5.4	3	4.9	4.4	3.3	4.1	4	3.2	3.8
नागपुर	6.8	2.5	6.2	5.6	3.1	5.1	4.4	3.2	4.1	4.4	3.2	4.2
पटना	6.8	2.7	6.2	6.2	3.2	5.5	5.2	3.2	4.7	5.6	3	5.3
पुणे	7.2	2.4	6.6	5.6	3.4	5.1	4.4	3.4	4.2	4.4	3.4	4.2
राँची	6.9	2.3	6.3	6	2.9	5.4	4.8	3	4.4	5	3	4.8
शोलापुर	6.6	2.6	6.1	5.7	3.3	5.2	4.6	3.4	4.4	4.8	3.3	4.6
त्रिवेन्द्रम	6.8	2.6	6.5	5.2	2.6	5.0	5.4	2.8	5.2	5.8	2.8	5.6
विशाखापटनम	6.4	2.6	5.9	5	3	4.6	4.8	3	4.5	5	3	4.8

सितम्बर से दिसम्बर

	सितम्बर			*अक्टूबर*			*नवम्बर*			*दिसम्बर*		
	G	*D*	*GL*	*G*	*D*	*GL*	*G*	*D*	*GL*	*G*	*D*	*GL*
नगर												
अहमदाबाद	5.6	2.7	5.8	6	1.7	7.0	5.3	1.1	7.0	4.8	1	6.7
बंगलौर	5.2	2.9	5.2	5.4	2.6	5.7	5	2	5.1	4.9	2	5.6
भुवनेश्वर	5.2	2.8	5.3	5.2	2.2	5.8	5.3	1.5	6.6	5.1	1.4	6.7
भोपाल	5.1	2.6	5.2	5.8	1.6	6.8	5.3	1	7.1	4.7	1	6.6
चंडीगढ़	5.8	2.5	6.2	5.2	1.9	6.6	4.3	1.4	6.3	3.5	2	5.4
चेन्नई	5.8	2.8	5.8	5	2.4	5.3	4.9	2.2	5.4	4.7	2	5.3
दिल्ली	5.7	2.2	6.0	5.4	1.5	6.7	4.7	1.1	6.8	4	1.2	6.1
ग्वालियर	5.6	2.3	5.9	5.8	1.5	7.1	5	1	7.0	4.3	1	6.4
गोवा	5	2.8	5.0	5.4	2.4	5.8	5.7	1.6	6.7	5.4	1.4	6.5
गुवाहाटी	4.6	2.8	4.7	4.6	2.2	5.4	4.5	1.6	6.1	4	1.4	5.7
हैदराबाद	5.2	3	5.2	5.8	2.3	6.3	5.4	1.8	6.4	5.1	1.4	6.3
इन्दौर	5.2	2.8	5.3	5.8	1.8	6.7	5.4	1.2	7.1	4.8	1.6	6.6
जबलपुर	5	2.5	5.1	5.6	1.6	6.5	4.9	1	6.4	4.5	1	6.3
जामनगर	5.6	2.6	5.8	6	1.6	7.0	5.3	1.1	6.9	4.8	1.1	6.6
जोधपुर	6.2	2	6.5	6	1.2	7.4	5.1	1.1	7.2	4.5	1.1	6.8
कोलकाता	5	2.4	5.1	5.2	1.4	5.9	4.5	1	5.7	4.2	1.5	5.6
लखनऊ	5.5	2.4	5.8	5.2	1.6	6.3	4.8	1.3	6.7	4.2	1.2	6.2
मुम्बई	5.2	3	5.3	5.6	2	6.3	5.3	1.4	6.5	4.9	1.1	6.3
नागपुर	5	2.8	5.1	5.6	1.8	6.4	5.3	1.2	6.5	4.8	1	6.5
पटना	5.4	2.8	5.6	5.2	2	6.1	4.9	1.6	6.6	4.3	1.5	6.1
पुणे	5.4	3	5.4	5.6	2.3	6.2	5.4	1.5	6.6	5	1.3	6.4
राँची	5.2	2.6	5.3	5.2	1.8	6.0	5.4	1	7.2	4.8	0.9	7.0
शोलापुर	5.3	3	5.3	5.6	2.2	6.1	5.4	1.7	6.4	5.2	1.4	6.5
त्रिवेन्द्रम	6	2.6	6.0	5.4	2.4	5.6	5.3	2.4	5.6	5	2.1	5.4
विशाखापटनम	5.2	2.8	5.3	5.2	2.4	5.7	5.2	1.8	6.2	5	1.4	6.3

भूमण्लीय वार्षिक सौर विकिरण (GLOBAL ANNUAL SOLAR RADIATION) भारत का मानचित्र

परिशिष्ट ख

विश्व स्तरीय वार्षिक सौर विकिरण भारत का मानचित्र यह आँकड़ा (किलो वाट–घण्टा/मीटर^2–वर्ष) में दिया है।

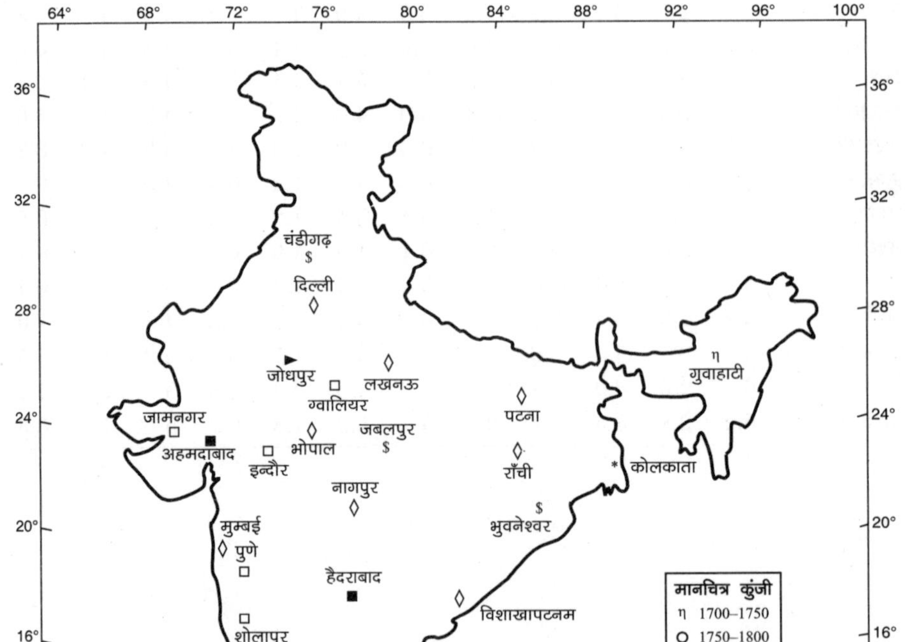

पवन ऊर्जा वितरण (WIND ENERGY DISTRIBUTION) भारत का मानचित्र

परिशिष्ट ग

समोच्च रेखा से 50 मीटर ऊपर वायु वेग दर्शाया गया है (इससे भिन्न रेखा पर भिन्न वायु वेग होता है) वे क्षेत्र जो समोच्च रेखा से अलग हैं, वहाँ उल्लेखनीय पवन स्त्रोत नहीं हैं।

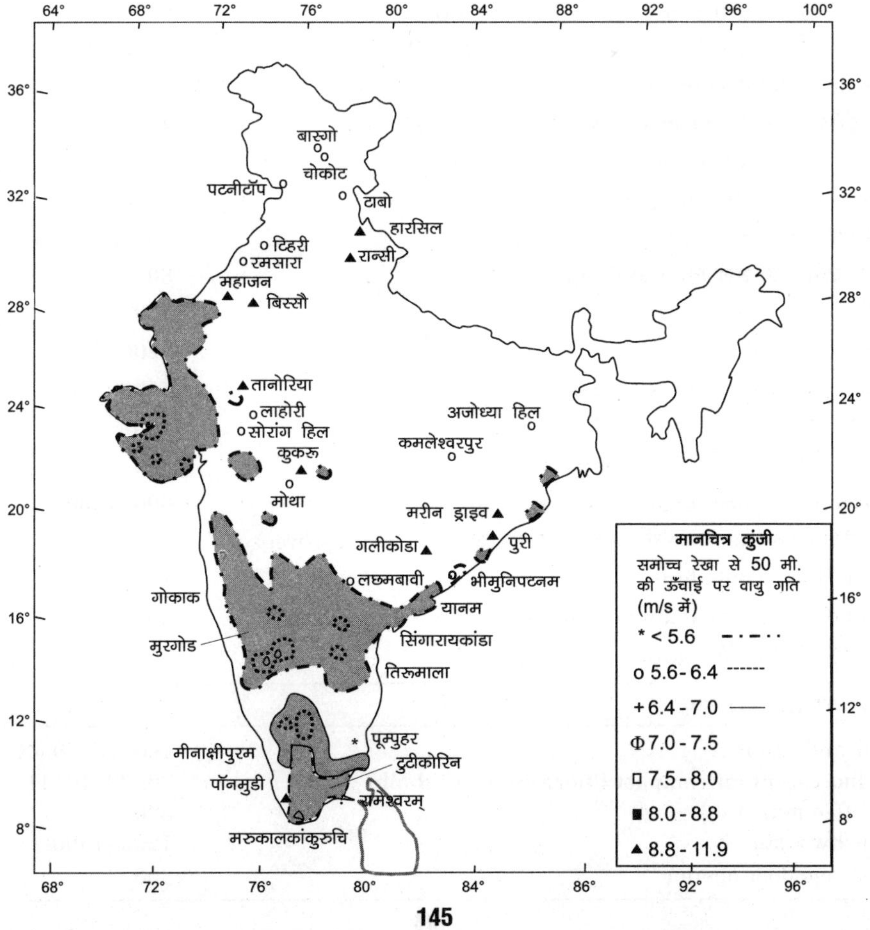

ऊर्जा उपकरणों का अंकित शक्ति निर्धारण (TYPICAL POWER RATINGS OF ENERGY APPLIANCES)

परिशिष्ट घ

मद (Item name)	*अंकित वॉट (Rating in watts)*
वातानुकूलित (Air-conditioner) कक्ष (room)	1000
वातानुकूलित (Air-conditioner) मध्य (central)	2000–5000
सी.डी. प्लेयर (CD player)	15–30
इलेक्ट्रिक ड्रायर (Electric dryer) वस्त्र (clothes)	4000
ड्रायर (Dryer) गैस तापक (gas heated))	300–400
छत का पंखा (Ceiling fan)	10–50
लैपटॉप कम्प्यूटर (Laptop computer)	20–75
डैस्कटॉप स्व संगणक (Desktop PC)	80–200
प्रिंटर (Printer)	100
फ्राइंग पॉन (Frying pan)	1200
छोटे आकार का तापक (Portable heater)	1500
स्टॉक टैंक तापक (stock tank heater)	100
वॉटर बैड तापक (Water bed heater)	400
सूक्ष्म तरंगों वाला चूल्हा (Microwave oven)	600–1500
प्रशीतक/जल को बर्फ में बदलने वाला यंत्र (Refrigerator/freezer)	200–600
मेज पंखा (Table fan)	10–25
निर्वात स्वच्छक (Vacuum cleaner)	200–800
धुलाई मशीन (Washing machine)	500
प्रकाश (Light)	
Incandescent	100, 75, 60, 40
Fluorescent (or compact fluorescent lightbulb)	30, 20, 16, 11
Coffee maker	800
Dishwasher	1200–1500
Garage door opener	350

भौतिक स्थिरांक और परिवर्तक कारक (PHYSICAL CONSTANTS AND CONVERSION FACTORS)

परिशिष्ट ङ

1 BTU = 1.055 kJ

1 HP = 745.7 Watts

1 Watt = 1 J/sec

1 kWh = 3600 kJ

1 calorie = 4.1868 joule

1 kWh = 860.4 kcal

1 Joule = 1 N-m

Latent heat of vaporization = 2260 kJ/kg

Specific heat of water C_p = heat capacity of water = 4.18 kJ/kg-K

1 gallon of liquid = 3.79 litres

1 barrel of liquid = 160 litres

1 miles/hour = 0.447 metres/sec

1 mile = 1609 metres

Velocity of light = $3 * 10^8$ metre/sec

1 litre = 0.001 m^3

1 Pascal = 1 N/m^2

सब्सिडी एवं निर्माता (SUBSIDIES AND MANUFACTURERS)

परिशिष्ट

च

भारत विश्व के उन गिने-चुने देशों में से एक है जहाँ की सरकार के मुख्य मुद्दों में से देश की अक्षय ऊर्जा का विकास एक मुद्दा है। भारत में इस मन्त्रालय को Ministry of New and Renewable Energy (MNRE) कहा जाता है। यह मन्त्रालय इस दिशा में सभी संभव क्षेत्रों पर कार्य कर रहा है जिनमें सभी ऊर्जा स्त्रोत, इनसे सम्बन्धित आधारभूत रिसर्च से लेकर कार्यकारी क्षेत्रों में उनकी कार्यप्रणाली समझाना आदि शामिल हैं। साथ ही अक्षय ऊर्जा तकनीकों के विकास हेतु, मन्त्रालय की तरफ से सब्सिडी भी दी गई है। यहाँ मन्त्रालय के कार्यों की संक्षेप में चर्चा की गई है। इस मन्त्रालय के बारे में अधिक जानकारी इस वेबपेज से प्राप्त की जा सकती है। (www.mnes.nic.in)।

च.1 नवीन और अक्षय ऊर्जा मन्त्रालय (The Ministry of New and Renewable Energy)

भारत सरकार ने अक्षय ऊर्जा के महत्व को बहुत पहले ही महसूस कर लिया था। प्रारम्भ में गैर पारम्परिक ऊर्जा स्त्रोत के विभाग (Department of Non-conventional Energy Sources) की सन् 1982 में स्थापना की गई थी। बाद में सन् 1992 में इस विभाग को Ministry of Nonconventional Energy Sources (MNES) में परिवर्तित कर दिया गया था। अब MNES को नया नाम दिया जा चुका है। Ministry of New and Renewable Energy (MNRE)। MNRE को केन्द्रीय सरकार संचालित करती है। इस मन्त्रालय के मुख्य कार्य हैं, योजना व पॉलिसी बनाना, प्रोग्राम बना कर लागू करना, रिसर्च, पायलट प्रोजेक्ट, कार्यप्रणाली समझना आदि साथ ही आर्थिक मदद प्रदान करना। MNRE के मुख्य कार्यों को विभिन्न समूहों एवं डिवीजनों में विभाजित किया गया है। जिनमें अक्षय ऊर्जा क्षेत्र के सभी घटक सम्मिलित हैं।

अक्षय ऊर्जा के क्षेत्र को बढ़ावा देने हेतु मन्त्रालय ने एक फाइनेन्शियल इंस्टीट्यूशन की स्थापना की है जिसे Indian Renewable Energy Development Agency (IREDA) के नाम से जाना जाता है इसके अतिरिक्त मन्त्रालय ने रिसर्च एवं

विकास, प्रौद्योगिकी विकास, टेस्टिंग एवं सर्टीफिकेशन हेतु अन्य इंस्टीट्यूशन भी स्थापित किए हैं, जैसे Solor Energy Centre (SEC), National Institute of Renewable Energy (NIRE) Centre for wind Energy Technology (C-WET) मन्त्रालय द्वारा विभिन्न प्रदेशों की राजधानियों में नौ क्षेत्रीय कार्यालय भी स्थापित किए गए हैं। जिनके द्वारा विभिन्न प्रोग्रामों का सुपरविजन एवं मॉनीटरिंग जागरूकता प्रोग्राम, कार्यक्षेत्र से फीडबैक प्राप्त करना आदि कार्य किए जाते हैं। साथ ही स्वयंसेवी संस्थाओं को भी शामिल किया जाता है। ये अहमदाबाद, भोपाल, भुवनेश्वर, चण्डीगढ़, चैन्नई, गुवाहाटी, हैदराबाद, लखनऊ, पटना में हैं।

प्रत्येक प्रदेश में MNRE मन्त्रालय की नोडल एजेन्सी भी है। ये नोडल एजेन्सियाँ हैं। महाराष्ट्र एनर्जी डेवलेपमेन्ट ऐजेन्सी (MEDA), गुजरात एनर्जी डेवलपमेण्ट एजेन्सी (GEDA), एम.पी. ऊर्जा विकास निगम (MPUVN) आदि। इन नोडल एजेन्सियों को प्रदेश सरकार संचालित करती है। इन स्टेट नोडल एजेन्सियों के प्रतिनिधित्व में जिला स्तर एजेन्सियाँ कार्य करती हैं। कई जगह स्टॉफ की कमी के कारण एक जिला एजेन्सी, कुछ जिलों का कार्य देख रही है। New and Renewable Energy के क्षेत्र में कार्यरत सरकारी एजेन्सियों के स्तरों को निम्न ब्लाक चित्र (च.1) द्वारा दर्शाया गया है।

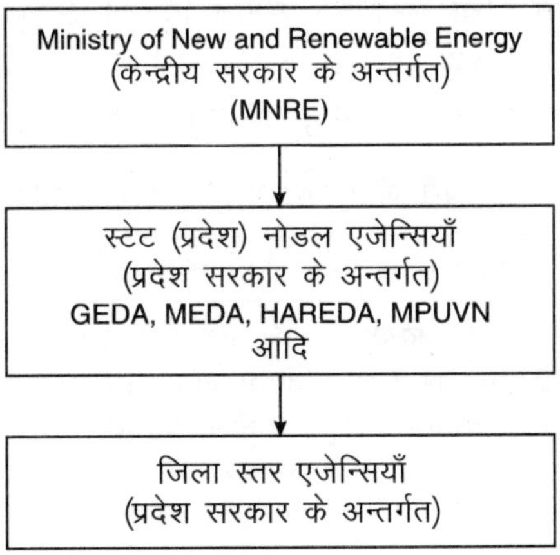

चित्र च.1 नई एवं अक्षय ऊर्जा तकनीकों को लागू करने हेतु सरकार द्वारा बनाई गई विभिन्न एजेन्सियाँ।

च.2 अक्षय ऊर्जा तकनीकों के उपयोग हेतु सरकार का योगदान (Assistance for using Renewable Energy Technologies)

च.2.1 सब्सिडी (Subsidies)

अक्षय ऊर्जा तकनीकों के विकास एवं वृद्धि हेतु MNRE सब्सिडी प्रदान करती है। यह सब्सिडी निम्न क्षेत्रों में प्रदान की गई है।

- सौर फोटोवोल्टाइक ऊर्जा (सौर ग्रह प्रकाश संयंत्र, सौर लालटेन, सौर PV वॉटर पम्पिंग)।

- सौर फोटोवोल्टाइक ऊर्जा (सौर वाटर हीटर) उद्योगों में सौर तापीय ऊर्जा, सौर कुकर)।
- वायु ऊर्जा (विन्ड टर्बाइन, वॉटर पम्पिंग हेतु विन्ड मिल, विन्ड एनर्जी हाइब्रिड सिस्टम)।
- बायोमॉस ऊर्जा (शक्ति उत्पादन हेतु बायोमॉस ऊर्जा, बायोमॉस एवं मैन्योर मैनेजमेंट प्रोग्राम इत्यादि)।
- ग्रामीण ऊर्जा हेतु प्रोजेक्ट एवं एनर्जी सिक्योरिटी।

सब्सिडी की दर साल दर साल बदलती रहती है। यह अलग-अलग तकनीकों के अनुसार व किसी मॉडल विशेष के अनुसार ही बदलती है। सब्सिडी का प्रतिशत 10% से 90% तक हो सकता है। नई तकनीकों की व्याख्या, पिछड़े अंदरूनी क्षेत्रों में अक्षय ऊर्जा संयंत्र स्थापित करने में 90% सब्सिडी दी जाती है। MNRE प्रत्येक वित्तीय वर्ष हेतु सब्सिडी निर्धारित करता है। सामान्यतः उपकरणों की अंकित शक्ति, जिनके लिए सब्सिडी उपलब्ध है शक्ति एवं उत्पादन क्षमता जानने के लिए दी जाती है। उदाहरण के लिए घरों में प्रकाश करने हेतु PV संयंत्रों के मुख्यतः तीन मॉडल हैं जिन पर सब्सिडी उपलब्ध है। उदाहरण के तौर पर इस प्रकाशीय संयंत्र के तीनों मॉडलों का विवरण तालिका च.1 में दिया गया है। समान विवरण अन्य तकनीकों एवं तालिका सम्बन्धित उपकरणों एवं उपलब्ध सब्सिडी के बारे में दिया गया है। इस सब्सिडी प्रोग्राम की पूरी जानकारी वेब पेज से ली गई है (MNRE: www.mnes.nic.in)।

तालिका च.1 घरों में प्रकाश करने हेतु कुछ सौर संयंत्र।[1]

	मॉडल-1	*मॉडल*-2	*मॉडल*-3
संयंत्र का विवरण	18 वॉट सौर मॉड्यूल, एक 9 वॉट का CFL, 12 वॉल्ट 20 Aw ट्यूब्युलर लेड एसिड बैटरी	37 वॉट सौर पैनल, दो 9 वॉट CFL, 12 वोल्ट 40 Ah ट्यूब्युलर लेड एसिड बैटरी	37 वॉट पैनल, एक 9 वॉट CFL, एक 12" dc पंखा 12 वोल्ट, 40 Ah ट्यूब्युलर लेड एसिड बैटरी
संयंत्र की कीमत	7177 रू. (लगभग)	12750 रू. (लगभग)	12850 रू. (लगभग)
उपलब्ध सब्सिडी	5500 रू.	10800 रू.	10800 रू.
उपयोग करने वालों का भाग	1667 रू.	1950 रू.	2050 रू.

टिप्पणी : यह आँकड़ा वर्ष 2006–07 का है, सब्सिडी की मात्रा प्रति वर्ष बदलती रहती है।

योग्यता : सभी स्वयंसेवी संस्थाओं/नॉन-प्रॉफिट ऑर्गनाइजेशन के लिए। व्यक्तिगत रूप से किसी को भी एक से अधिक संयंत्र नहीं दिए जाएंगे।

[1]नवीन एवं अक्षय ऊर्जा मन्त्रालय द्वारा सौर संयन्त्र मॉडलों पर सब्सिडी दी जाती है।

च.2.2 सॉफ्ट लोन (Soft Loans)

अक्षय ऊर्जा संयंत्रों में प्रारम्भिक निवेश (Investment) बहुत महत्वपूर्ण है। इसी कारण MNRE ने IREDA Centre Renewable Energy Development Agency का प्रारम्भ किया जिसका कार्य है तकनीकों को बढ़ावा देना व विकास करना और ऊर्जा दक्षता एवं अक्षय ऊर्जा हेतु आर्थिक मदद जुटाना साथ ही ऊर्जा दक्षता हेतु ऐसे प्रोजेक्ट को बढ़ावा देना जिनका मुख्य उद्देश्य ऊर्जा की सुरक्षा हो। IREDA एक रिवोल्विंग फण्ड का संचालन करता है जिसका उद्देश्य है अक्षय ऊर्जा स्त्रोतों का विकास एवं औद्योगीकरण आदि। यह उद्देश्यों की पूर्ति हेतु कम ब्याज दर पर सॉफ्ट लोन प्रदान करता है। अक्षय ऊर्जा तकनीकों की संस्थापना हेतु अन्य कई बैंकों की कम ब्याज दर पर लोन प्रदान करता है। (तालिका च.2 देखें)।

तालिका च.2 सॉफ्ट ऋण (Soft Loan) की मुख्य विशेषताएँ (ऋण की ब्याज दर तथा अन्य आवश्यक बातें ऋण लेते समय ही निर्धारित होंगी। यह केवल एक सांकेतिक आँकड़ा है।)

क्र.सं.	*विशेषताएँ*	*कार्यान्विति*	
		IREDA	*बैंक*
1.	लाभार्थियों की अदृश्य श्रेणी	उपभोक्ताओं की व्यावसायिक प्रतिष्ठान तथा बिचोलियों सहित समस्त श्रेणियां	व्यक्तिगत तथा व्यावसायिक प्रतिष्ठान जो निवेश पर क्षतिपूर्ति हेतु कोई दावा नहीं करते
2.	ब्याज दर	7% (व्यावसायिक प्रतिष्ठान, जो क्षतिपूर्ति के लिए दावा करते हैं)	5% (व्यक्तिगत और अन्य व्यावसायिक प्रतिष्ठान, जो सम्पत्ति के नुकसान का दावा नहीं करते)
3.	ऋण की अवधि	5 वर्ष	5 वर्ष
4.	अदायगी में रुकावट (अदायगी में देरी)	1 वर्ष	तत्काल अदायगी
5.	ऋण की रकम	प्रोजेक्ट की कीमत का 80% तक	प्रोजक्ट की कीमत का 80% तक
6.	ऋण की अधिकतम सीमा	कोई सीमा नहीं	—

च.3 निर्माता एवं संभरणकर्त्ताओं (Suppliers) की सूची (List of Manufacturers and Suppliers)

तालिका च.3(अ), च.3(ब) तथा च.3(द) में उन उद्योगों की लिस्ट है जो कि अक्षय ऊर्जा के क्षेत्र में कार्य कर रहे हैं। यह उनकी पूरी सूची नहीं है। परन्तु इस सूची से निर्माताओं से सम्पर्क किया जा सकता है।

तालिका च.3(अ) पवन ऊर्जा से सम्बन्धित कम्पनियाँ

क्र.सं.	*नाम तथा पता*	*उत्पाद*
1.	सर्वोदय इंजी. वर्क्स, इण्डस्ट्रियल एस्टेट, रामचन्द्रपुर, अजन्ता सिनेमा के सामने, बिहारशरीफ—803 101 (नालन्दा) बिहार Ph: 06112 – 222506	पवन पम्प (मॉडल : संशोधित 12 PU 500)
2.	मारुत एनर्जी इक्यूपमेण्ट प्रा. लि., D1/18, MIDC अम्बद, नासिक–422 010 Ph: 0253 – 2380436, 2380061 Email: marketing@solarecindia.com	पवन पम्प (गीयर टाइप)
3.	शामवी एण्टरप्राइजेज, 35, पंचवटी हाउसिंग सोसायटी, विजय नगर, न्यू अदगाँव नाका, आगरा रोड, नासिक, महाराष्ट्र, भारत—422003 Ph: 919422245300	पवन ऊर्जा सिस्टम (छोटा), पवन टरबाइन (छोटा), पवन ऊर्जा सिस्टम के अवयव (छोटा)
4.	सुपरनोवा टेक्नोलोजीज प्रा. लि. मिल्टन्स हाउस, एस.के. अहीर क्रॉस रोड, प्रभादेवी, पी.बी. नं. 9107, मुम्बई 400 025, मुम्बई, महाराष्ट्र, भारत –400 025 Ph: 022-5660 7254,2493 7254. http://www.supernovaindia.net	पवन टरबाइन (700 W – 10 kW), पवन ऊर्जा का टॉवर और प्लाण्ट (छोटा)
5.	यूनिट्रान एनर्जी सिस्टम्स प्रा. लि., एयरपोर्ट रोड, पुणे, महाराष्ट्र, भारत—411 032, Ph: 20-2668 4399 http://www.unitronenergy.com	पवन टरबाइन (छोटा), पवन ऊर्जा सिस्टम के अवयव (छोटा), PV सिस्टम की ऊर्जा से वांछित प्रकाश
6.	सुज़लोन एनर्जी लि. पांचवीं मंज़िल, गोदरेज मिलेनियम, 9, कोरेगाँव पार्क रोड पुणे–411001 www.suzlon.com	पवन टरबाइन से 350 kW से 2.1 MW

तालिका च.3(ब) सौर PV संयंत्रों को बनाने वाली कम्पनियाँ

क्र.सं.	*नाम तथा पता*	*उत्पाद*
1. 2.	रूरल इंजी. स्कूल, रोजमल, तालः गधडा (स्वा.), डिस्ट्रिक्ट भावनगर, गुजरात, भारत—364 750.	सौर मॉड्यूल, सौर लालटेन, सौर कुकर आदि
3.	भारत इलेक्ट्रोनिक्स लि., बाहरी रिंग रोड, नागवरा, बंगलौर, कर्नाटक, भारत— 560045 Ph: 080-25039 248, 25039 265.	PV सिस्टम, सौर विद्युत शक्ति सिस्टम, सौर गार्डन लाइट, सौर आउटडोर लाइट सिस्टम
4.	फोटोन एनर्जी सिस्टम्स लि. (PESL) फ्लेट नं. 306 तथा 307, ताज एन्क्लेव, एड. मीरा थियेटर, लकड़ी का पुल, हैदराबाद, आंध्र प्रदेश, भारत–500004 Ph: 040-66661337/1338/1339 http://www.photonsolar.com	सौर PV मॉड्यूल, सौर लालटेन, सौर पैनल, सौर लाइट सिस्टम
5.	एनर्जीटिक प्रा. लि. उत्तरान भवन आर.के. पल्ली, सोनारपुर, कोलकाता, वेस्ट बंगाल, भारत— 700150 Ph: 033-2434 9359/9371	PV सिस्टम, सौर आउटडोर लाइटिंग सिस्टम, सौर विद्युत शक्ति सिस्टम, रिमोट होम पॉवर सिस्टम
6.	UPV सोलर—उदय एनर्जी PV, 1/279 Z, मुदालीपलयम, अरासुर पोस्ट, कोयम्बटूर, तमिलनाडु, भारत–641407 Ph: +914222361170, http://www.upvsolar.co.in	PV सेल, PV मॉड्यूल
7.	सनविन्ड डिवाइसेज प्रा. लि., 3/411, विशाल खण्ड, गोमती नगर, लखनऊ, उत्तर प्रदेश, भारत—226010, Ph: 05222300600	सौर आवेशित नियंत्रक (Solar charge controllers), सौर विद्युत शक्ति सिस्टम, सौर आउटडोर लाइट सिस्टम
8.	डिजिफ्लिक कन्ट्रोल्स (इंडिया) प्रा. लि., # 470/D, 12th क्रॉस, चौथा फेस, पीन्या इण्डस्ट्रियल एरिया, बंगलौर, कर्नाटक, भारत —560 058, Ph: 080 2836 6839/40 http://www.digiflic.com	PV सिस्टम, सौर आवेशित नियंत्रक, सौर जल ऊष्णक सिस्टम, सौर गार्डन लाइट, सौर विद्युत शक्ति सिस्टम
	टाटा बी पी सोलर इंडिया लि. प्लॉट नं. 78, इलेक्ट्रोनिक्स सिटी होज़र रोड, बंगलौर-561229 Ph. 080-22358465 http://www.tatabpsolar.com/	सौर मॉड्यूल, सौर लालटेन
9.	एम्मवी सोलर सिस्टम्स प्रा. लि., सर्वे नं. 13/1, बेलरी रोड, जल होबली सोन्नापनाहल्ली, बेटाहलसुर पोस्ट, बंगलौर, भारत— 562157 Email: info@emmvee.in http://www.emmveesolar.com	सौर प्रकाश सिस्टम, PV मॉड्यूल

तालिका च.3(स) सौर तापीय ऊर्जा संयंत्र बनाने वाली कम्पनियाँ

क्र.सं.	नाम तथा पता	उत्पाद
1.	रूरल इंजी. स्कूल, एटः रोजमल, तालः गाधिया (स्वा.), डिस्ट्रिक्ट भावनगर, गुजरात, भारत—364 750 Ph: 02847-22104	सौर कुकर
2.	गाधिया सोलर सिस्टम्स प्रा. लि. 86, पुराना GIDC गुंडलव, वलसाड—396035. गुजरात. भारत. Ph: +0091-2632-222423http://www.gadhiasolar.net/	सौर भापीय कुकर; कम्युनिटी कुकर; सौर पेय जल सिस्टम, सौर अपशिष्ट जल एवापोरेशन सिस्टम आदि
3.	फोटोन एनर्जी सिस्टम्स लि. (PESL) फ्लेट नं.306 तथा 307, ताज एन्क्लेव, एड. मीरा थियेटर, लकड़ी का पुल, हैदराबाद, आंध्र प्रदेश, भारत– 500004 Ph: 040-66661337/1338/1339 http://www.photonsolar.com	सौर जल पम्पिंग सिस्टम, सौर जल उष्णक सिस्टम, निर्वात् नलिका सौर जल उष्णक
4.	एनर्जीटिक प्रा. लि. उत्तरान भवन, आर. के. पाली, सोनरपुर, कोलकाता, पश्चिमी बंगाल, भारत — 700150 Ph: 033-2434 9359/9371	सौर जल पम्पिंग सिस्टम, सौर जल उष्णक सिस्टम
5.	सनविन्ड डिवाइसेज प्रा. लि., 3/411, विशाल खण्ड, गोमती नगर, लखनऊ, उत्तर प्रदेश, भारत — 226010 Ph: 05222300600	सौर जल उष्णक सिस्टम
6.	डिजिफ्लिक कन्ट्रोल्स (इंडिया) प्रा. लि., # 470/D, 12th क्रॉस, चौथा फेस, पीन्या इन्डस्ट्रियल एरिया, बंगलौर, कर्नाटक, भारत — 560058 Ph: 080 2836 6839 / 40 http://www.digiflic.com	सौर जल उष्णक सिस्टम, सौर जल पम्पिंग सिस्टम, जल स्तर नियन्त्रक
7.	टाटा बीपी सोलर इंडिया लि. प्लॉट नं. 78, इलेक्ट्रोनिक्स सिटी होज़र रोड, बंगलौर-561229 Ph: 080-22358465 http://www.tatabpsolar.com/	सौर जल पम्पिंग सिस्टम, सौर जल उष्णक सिस्टम
8.	इंटर सोलर सिस्टम्स प्रा. लि., 901 इंडस्ट्रियल एरिया, फेस-II, चंडीगढ़, भारत — 160002 Ph:0172-2655349/5085281 Email intersolar@connect2dsl.net	सौर जल उष्णक सिस्टम

(क्रमशः)

9.	एम्मवी सोलर सिस्टम्स प्रा. लि., सर्वे नं. 13/1, बेलरी रोड, जल होबली सोन्नापनाहल्ली, बेटाहलसुर पोस्ट, बंगलौर, भारत — 562157 Email: info@emmvee.in http://www.emmveesolar.com	सौर जल उष्णक सिस्टम
10.	महर्षि सोलर टेक्नोलोजी प्रा. लि. ए-14, मोहन कोऑपरेटिव, इन्डस्ट्रियल एस्टेट, मथुरा रोड, नई दिल्ली, भारत–110044	सौर जल उष्णक सिस्टम
11.	बिपिन इन्जीनियर्स प्रा. लि., क्र. सं. 143, वड़गाँव धेरी, पुणे-सिंहागढ़ रोड पुणे- 411041 Email: bipsun@ vsnl.com http://www.bipsunindia.com	सौर संग्राहक (collectors)
12.	सूर्यकिरन प्रा. लि. डेवलपमेण्ट एरिया, बिनानीपुरम PO, अड्यार, कोची, केरल, भारत-683 502 Ph: (0484) 559184	सपाट प्लेट संग्राहकों पर आधारित सौर जल उष्णक
13.	भारत हेवी इलेक्ट्रिकल लि. सोलहवीं मंजिल, हिन्दुस्तान टाइम्स हाउस, 18-20, कस्तूरबा गांधी मार्ग, नई दिल्ली-110 001 Ph: (011) 3323199, 3327547	सपाट प्लेट संग्राहकों पर आधारित सौर जल उष्णक

तालिका च.3(द) बॉयो ऊर्जा से सम्बन्धित कम्पनियाँ

क्र.सं.	*नाम तथा पता*	*उत्पाद*
1.	अंकुर साइंटिफिक एनर्जी टेक्नोलोजी प्रा. लि., निकट पुराना समा जकट नाका समा रोड, 390008, बड़ौदा, गुजरात, भारत, Ph: 091-265-2793098 http://www.ankurscientific.com	बॉयोमास गैसीफायर सिस्टम
2.	चन्दरपुर वर्क्स, विल जोरियान, दिल्ली रोड, यमुना नगर, हरियाणा, भारत-135001 http://www.chanderpur.com/	बॉयोमास गैसीफायर सिस्टम
3.	कोसमो पॉवरटेक प्रा. लि. निकट जैन पब्लिक स्कूल, देवपुरी, धामतरी रोड, रायपुर, छत्तीसगढ़, भारत-492001	बॉयोमास गैसीफायर सिस्टम

अनुक्रमणिका
(INDEX)